祁连山－河西地区生态保护 与高质量发展研究

曲建升　白光祖　宋晓谕 等　著

科学出版社

北京

内 容 简 介

祁连山生态系统在维护我国西部生态安全方面有着举足轻重和不可替代的地位，是西北地区重要的生态安全屏障。本书在对祁连山生态环境整治成效进行全面评估的基础上，重点关注祁连山及河西地区的经济社会长期发展问题，通过对区域水土资源承载能力的分析，探索区域发展的瓶颈问题，梳理区域重点产业与行业发展的总体思路，针对性地提出祁连山国家级自然保护区生态环境保护治理的长效机制建议，探索区域生态保护与经济社会发展的双赢之路。

本书可供高校、科研院所从事生态保护等研究和实践应用人员及政府管理人员参考。

图书在版编目（CIP）数据

祁连山－河西地区生态保护与高质量发展研究 / 曲建升等著 . —北京：科学出版社，2024.6

ISBN 978-7-03-078559-6

Ⅰ . ①祁… Ⅱ . ①曲… Ⅲ . ①祁连山—生态环境—环境保护—研究 Ⅳ . ① X321.244

中国国家版本馆 CIP 数据核字 (2024) 第 100555 号

责任编辑：张 菊 / 责任校对：韩 杨
责任印制：徐晓晨 / 封面设计：无极书装

科学出版社 出版

北京东黄城根北街16号
邮政编码：100717
http://www.sciencep.com

涿州市殷润文化传播有限公司印刷
科学出版社发行 各地新华书店经销

*

2024年6月第 一 版 开本：720×1000 1/16
2024年6月第一次印刷 印张：11 1/4
字数：230 000

定价：128.00元

（如有印装质量问题，我社负责调换）

序

祁连山是我国重要的生态屏障区、水源涵养战略区，是黑河、疏勒河、石羊河的发源地，是阻隔巴丹吉林、腾格里两大沙漠南侵的防线，也是拱卫青藏高原乃至"中华水塔"三江源生态安全的屏障，对中下游生态系统、水资源利用具有极其重要的影响。同时，该区域生态系统脆弱，对气候变化和人类活动较为敏感。20世纪90年代以来，甘肃省祁连山地区社会经济发展迅速，区域内人口快速增加，人类活动范围与强度不断增大。大规模的开发提升了祁连山地区居民的收入水平，但也对区域生态环境造成了负面影响。

自2016年以来，在党和国家领导人的高度关注下，祁连山区域开展了大规模的生态环境保护与恢复工作。在甘肃省干部群众"宁要绿水青山，不要金山银山"的决心下，历经多年的治理，祁连山已由乱到治，大见成效。区域环境污染问题得到有效遏制，生态产品供给能力稳步增强，生态屏障功能大幅提升。

由于区域自然地理、人文历史等原因，祁连山地区的经济发展、财政收入主要依赖矿产、水电等资源开发项目，群众生活以放牧等传统畜牧业为主，绿色产业发展尚处于起步阶段。改变发展思路、创新发展模式，建立健全区域生态经济发展保障制度，解决祁连山生态环境全面保护与社会经济稳步发展的矛盾，把祁连山的"绿水青山"转化为当地居民看得见摸得着的"金山银山"，是目前区域发展面临的重要问题。

近年来，对祁连山生态环境治理的研究很多，也有力地支撑了祁连山的环境治理和保护，但是聚焦区域长期发展的研究还不多见。曲建升研究员组织编写的这本书，以实地调研为基础，在分析祁连山生态环境的长效保护与治理成效的基础上，进一步对祁连山及与之休戚相关的河西地区的社会经济长期发展展开研究，识别区域发展的瓶颈问题，梳理区域产业发展总体思路，并对高品质农业、现代工业、特色文旅产业、清洁能源产业及数字经济等重点行业发展路径进行规划，探索区域"绿水青山"向"金山银山"转化的有效路径，设计政策保障体系。这些研究内容可以为地方政府实现在保护中谋求发展、在发展中实现保护提供思路，为最终实现区域生态环境保护与社会经济发展双赢目标提供有力支撑。

"我见青山多妩媚，料青山见我应如是"，善待自然也会得到自然的善待，保护自然也会得到自然的馈赠！

冯　起

中国工程院院士

中国科学院兰州分院分党组书记、院长

中国科学院西北生态环境资源研究院院长

前　言

　　祁连山位于青藏高原、蒙古高原与黄土高原的交会地带，地跨甘肃、青海两省，是我国西部主要的巨大山系之一。祁连山生态系统在维护我国西部生态安全方面有着举足轻重的作用和不可替代的地位，是西北地区重要的生态安全屏障，向南拱卫青藏高原，向北滋养河西走廊。祁连山地区因其丰富的生物多样性、独特而典型的自然生态系统和生物区系，成为我国生物多样性保护的优先区域，也是西北地区重要的生物种质资源库和野生动物迁徙廊道。祁连山是黑河、疏勒河、石羊河三大内陆河的发源地，也是黄河流域重要的水源补给区。祁连山是维系我国生态安全的"两屏三带"生态战略格局的重要组成，同时也是全国 50 个重要生态服务功能区之一，其提供的各类生态系统服务功能不仅惠及青海、甘肃两省居民，也为其他地区居民提供福祉。祁连山不仅是甘肃、青海的祁连山，更是全国人民的祁连山、中华民族的祁连山。

　　自 2016 年以来，祁连山生态环境综合整治对区域生态环境产生重大影响，区域内不合理的人类活动得到全面治理，祁连山国家级自然保护区生态环境已由乱到治、大见成效，生态系统健康水平显著提升。但高强度治理也对地方经济造成一定影响。由于区域自然地理、人文历史等多方面原因，祁连山地区的经济发展、财政收入主要依赖矿产、水电等资源开发项目，群众生活以放牧等传统畜牧业为主，绿色产业发展尚处于起步阶段。祁连山治理后，区域经济受到一定冲击，部分居民面临生计转化挑战。保护是发展的前提，发展是保护的基石，二者唇亡齿寒。生态环境治理一方面给区域发展带来了巨大挑战，另一方面也为区域的绿色转型发展带来了千载难逢的巨大机遇。改变发展思路、创新发展模式，建立健全区域生态经济发展保障制度，解决祁连山生态环境全面保护与社会经济稳步发展之间的矛盾，成为当务之急。

　　本书在对祁连山生态环境整治成效进行全面梳理的基础上，研究提出了祁连山及河西地区生态保护与经济社会长期可持续发展的有效路径。

　　本书是团队集体研究的结晶，共分上、中、下三篇。上、中两篇共为 9 章，下篇分为 6 个研究专题。上、中两篇中，第一章甘肃省祁连山环境与经济社会概况、第二章甘肃省祁连山生态环境治理回顾、第三章祁连山生态环境治理成效与转型发展需求，由宋晓谕、王鹏龙、权学烽、白光祖等完成；第四章甘肃省祁连山生态环境保护治理长效模式构建，由祁元、裴惠娟、王鹏龙、徐冰鑫等完成；第五章高品质农业发展路径，由王勤花、王宝、王鹏龙、徐冰鑫、黄悦悦等完成；第六章现代工业发展路径，由郑玉荣、靳军宝完成；第七章文化旅游产业发展路径，由王宝、徐冰鑫完成；第八章清洁能源产业发展路径，由靳军宝、郑玉荣完成；第九章数字经济发展路径，由白光祖、权学烽完成。下篇内容由各作者分别完成。图件由权学烽、王鹏龙等完成并修订。何瑞东、景生鹏、王雯对本书涉及生态保护与产业发展区域空间格局的部分进行了规划完善。全书总体框架由曲建升、宋晓谕、白光祖等设计完成，曲建升、白光祖、王鹏龙等对书稿进行了统稿与修订。

本书由"祁连山地区生态保护治理与经济社会长期发展研究"项目资助，得到甘肃省发展和改革委员会的大力支持，兰州市、武威市、张掖市、酒泉市、嘉峪关市人民政府及各职能部门、各区县人民政府相关部门为编写工作组的现场调研、座谈交流提供了充分的条件和翔实的资料，相关领域专家为本书提出了完善建议，在此一并致谢。鉴于作者水平有限，书中难免存在不足之处，敬请读者批评指正。

作　者

2024 年 1 月

|目　录|

上 篇

甘肃省祁连山
生态保护治理长效机制研究

|第一章| 甘肃省祁连山环境与经济社会概况

一、甘肃省祁连山概况

（一）自然环境概况

祁连山位于青藏高原、蒙古高原和黄土高原的交会地带，地跨甘肃、青海两省，总面积约 17 万 km²，是我国西部主要的巨大山系之一。祁连山介于柴达木盆地与河西走廊拗陷之间，由祁连山褶皱带沿北西西－南东东方向延伸形成的平行山脉组成。大多数山峰海拔 4000～5500 m，最高峰疏勒南山的团结峰海拔 5808 m。海拔达 4000 m 以上的山峰终年积雪，山间谷地海拔在 3000～3500 m。

祁连山生态系统在维护我国西部生态安全方面有着举足轻重的作用和不可替代的地位，是西北地区重要的生态安全屏障。祁连山地区因其丰富的生物多样性、独特而典型的自然生态系统和生物区系，成为我国生物多样性保护的优先区域，也是西北地区重要的生物种质资源库和野生动物迁徙的重要廊道。祁连山是黑河、疏勒河和石羊河三大内陆河的发源地，也是黄河、青海湖的重要水源补给区。祁连山是维系我国生态安全的"两屏三带"生态战略格局的重要组成，同时也是全国 50 个重要生态服务功能区之一、中国 32 个生物多样性优先保护区之一。

（二）社会经济概况

甘肃省祁连山区域涉及省内兰州、武威、金昌、张掖、酒泉五市的皋兰县、天祝藏族自治县（简称天祝县）、凉州区、古浪县、永昌县、山丹县、民乐县、肃南裕固族自治县（简称肃南县）、甘州区、肃北蒙古族自治县（简称肃北县）和阿克塞哈萨克族自治县（简称阿克塞县）11 个县（区）。截至 2017 年年底，11 个县（区）的常住人口总数为 313.28 万人，地区生产总值为 831.51 亿元，人均生产总值 26 542 元，不足全国人均 GDP 的一半。

甘肃省祁连山区域涉及的 11 个县（区）人口、社会经济情况存在明显差异，总体人口密度为 20.73 人 /km²，不到全国平均水平的 15%，总体上地广人稀，其中肃北县人口密度最低，仅为 0.22 人 /km²。在人口分布规律方面，区域内人口分布呈现沿山区域人口密度较低、走廊绿洲地带人口密度较高的分布格局。

2016 年大范围生态环境治理前，甘肃省祁连山区域 11 个县（区）的三次产业结构为 20.54 : 33.73 : 45.73，产值分别达到 180.33 亿元、296.09 亿元和 401.39 亿元。与同期甘肃省产业结构相比，祁连山区域农业产值占比较高，工业产值占比与全省同期水平相仿，服务业产值占比则明显低于甘肃省同期水平。经过区域生态环境治理后，2017 年年末祁连山区域 11 个县（区）三次产业结构调整为 18.41 : 28.66 : 52.92，其中，农业占比小幅下降，工业占比大幅下滑，服务业占比快速提高。治理后三次产业产值分别为 153.11 亿元、238.33 亿元和 440.07 亿元，除服务业保持增长之外，农业和工业产值均出现不同程度下滑。

总体上甘肃省祁连山区域经济水平偏低，第一产业占比偏高，第二产业对采掘、水电行业的依赖程度高，第三产业增速较快，但目前总体发展水平仍较低。生态环境治理对区域第二产业的影响明显，需要寻找新的可持续经济增长点。

二、祁连山人类活动回顾

（一）森林采伐

人类活动是导致祁连山生态环境问题的主因。祁连山区域大规模的人类活动始于 20 世纪 60 年代，以森林采伐为主，当年有"吃得苦中苦，为了两万五（每年要完成 2.5 万 m³ 的森林采伐任务）"的说法。大规模的森林砍伐导致区域自然植被遭到破坏，直接导致"山碎、林退、水减、湿（湖）缩"的生态退化问题。自 20 世纪 90 年代以来，随着天保工程、退耕还林等政策的实施，加之区域降水增加，甘肃祁连山区域植被覆盖呈现向好趋势，但目前仍有局部区域植被退化情况较为严重。

（二）矿产资源开采

自 20 世纪 80 年代以来，甘肃祁连山地区矿产资源采掘业规模迅速扩大，与其紧密相关的冶炼、化工及相关制品加工业也得到快速发展。采掘及相关产业成为甘肃祁连山区域工业中的支柱。20 世纪 90 年代到 21 世纪初，祁连山国家级自然保护区范围内仅肃南县就有 532 家大小矿山企业，矿产资源开发改变了区域内的土地利用，部分区域植被遭到破坏。生态环境整治中对 67 个矿区的调查显示，直接破坏植被面积达 6000 多亩[①]，破坏程度极大，恢复难度也极大。矿产资源开发引起局部地区土壤和水质污染。中国科学院第二次青藏高原科学考察对甘肃祁连山区域的部分采矿区域及尾矿库区域开展了环境质量监测与调查工作。通过野外采样，获取了 21 份矿山废水和 19 份土壤样品。研究发现多个点位的矿山废水中砷、镉、铅、锌等重金属离子超标，其中下柳沟矿区采集的样品中砷元素超出国家标准 300 倍，40% 的样品中镉元素超标。对比矿山周边土壤与天然土壤中重金属的浓度，发现受矿产资源开发影响，矿山周边土壤的重金属含量远超过未受或受人为活动影响较轻情况下土壤的天然值。8 种重金属的超标倍数平均为 6.7 倍，而铅更是高达惊人的 25 倍。

（三）水电开发

自 20 世纪 90 年代以来，水电开发成为区域新的经济增长点，祁连山区域内开展了大量梯级电站建设，主要分布于祁连山范围内黑河、石羊河、疏勒河等流域。截至 2018 年年底，甘肃祁连山国家级自然保护区内共有水电站 42 座，总装机容量为 113.94 万 kW，涉及武威、金昌、张掖三市的天祝、凉州、永昌、山丹、肃南和甘州 6 个县（区）。其中，石羊河流域 21 座，装机容量为 19.87 万 kW，装机数量最多；黑河流域 17 座，装机容量为 88.07 万 kW，总装机容量最大。

（四）旅游发展

进入 21 世纪以来，随着人均收入的不断提升，文化旅游的需求逐渐增长，借助甘肃祁连山区域蕴藏的大量旅游资源，区域旅游产业得到快速发展。修筑道路、兴建宾馆、栈道等旅游基础设施，并与周边青海湖等景区实现联动，构筑了甘青环线旅游黄金路线，吸引了大批游客。以旅游业为主要驱动的第三产业快速发展，在产业结构中的占比逐渐增大。但道路、房屋等旅游基础设施开发造成了局部原生植被的破坏，对区域野生动物的繁衍生息和生态环境保护造成了一些负面影响。

总体上来看，祁连山生态环境受人类活动影响较大，采伐、矿产开发、水电开发和旅游设施建设是影响祁连山生态环境的主要人类活动类型。2000 年以前区域内的采伐、矿产开发活动对植被影响较大，之后随着国家一系列生态保护与恢复政策的实施，区域植被覆盖逐步恢复。但采矿、水电开发、旅游设施建设等导致局部地区生态环境遭到破坏，生态系统服务供给能力下降，动植物生存环境受到影响，矿区水体、土壤环境受到污染，重金属含量超标。此外，全球气候变化导致的冰川退缩、冻土退化也是区域面临的重要生态挑战。

---

① 1 亩≈666.7m²。

|第二章| 甘肃省祁连山生态
环境治理回顾

一、2017 年以来甘肃省祁连山生态治理情况

（一）祁连山生态环境问题

祁连山是我国西部重要的生态安全屏障，是黄河流域重要的水源涵养、补给区，是我国生物多样性保护优先区，国家早在 1988 年就批准设立了甘肃祁连山国家级自然保护区。长期以来，祁连山局部生态恶化问题突出，未得到及时治理。2017 年 2 月，由中共中央办公厅牵头，国务院有关部门组成中央督查组就此开展专项督查，通过调查核实，甘肃祁连山国家级自然保护区生态环境破坏问题突出。中共中央办公厅、国务院办公厅于 2017 年 6 月 1 日发出了《关于甘肃祁连山国家级自然保护区生态环境问题督查处理情况及其教训的通报》，通报的问题主要有：一是违法违规开发矿产资源问题严重；二是部分水电设施违法建设、违规运行；三是周边企业偷排偷放问题突出；四是生态环境突出问题整改不力。

（二）整治工作情况

对照国家发展和改革委员会、原环境保护部印发的《祁连山生态环境整治工作任务分工》（简称《任务分工》），甘肃省结合实际制定《甘肃祁连山自然保护区生态环境问题整改落实方案》（简称《整改落实方案》），将国家提出的七大类28 项整改任务进一步细化分解为八大类 31 项，已按要求完成 18 项，剩余任务正在加快推进。

1. 严格落实地方主体责任

一是建立生态文明目标评价考核体系。甘肃省委、省政府制定出台《甘肃省生态文明建设目标评价考核办法》，将祁连山地区生态治理修复列入省政府环保

目标责任考核体系，对各类自然保护区、重点生态功能区等生态环境敏感区域发生严重生态环境破坏事件被国家通报的市（州），实行"一票否决"。二是依法依规严肃追责问责。严格执行《党政领导干部生态环境损害责任追究办法（试行）》，共对97名祁连山国家级自然保护区生态环境问题相关责任人进行了严肃问责，包括省管干部25人、县处级干部41人。三是开展祁连山地区重点市、县领导干部自然资源资产离任审计试点工作。组织对张掖、武威、金昌3市和肃南、天祝、永昌3县开展自然资源资产离任审计，加大关键问题和薄弱环节的审计力度，不断推动生态环境保护各项任务落实，目前已完成祁连山地区重点市、县领导干部自然资源资产离任审计工作。四是清理修订相关地方性法规和规范性文件。新修订的《甘肃祁连山国家级自然保护区管理条例》经甘肃省第十二届人民代表大会常务委员会第三十六次会议审议通过并正式公布施行。累计清理甘肃省自然保护区和生态环境保护地方性法规23件、政府规章4件、规范性文件147件，结果已分别报送司法部和甘肃省人民代表大会常务委员会。

2. 抓紧清理关停违法违规项目

一是差别化推进违规项目关停退出。甘肃省政府制定印发《甘肃祁连山国家级自然保护区矿业权分类退出办法》《甘肃祁连山国家级自然保护区水电站关停退出整治方案》《甘肃祁连山国家级自然保护区旅游设施项目差别化整治和补偿方案》等，保护区内144宗矿业权已通过注销式、扣除式、补偿式3种方式全部退出并完成补偿工作；42座水电站已完成分类处置，9座在建水电站退出7座、保留2座，33座已建成水电站关停退出3座、规范运营30座；25个旅游设施项目已按差别化整治措施完成分类整改。2019年12月分别向自然资源部、水利部报送了《关于祁连山国家级自然保护区矿业权退出及矿山地质环境恢复治理情况报告》和《关于祁连山国家级自然保护区水电站生态环境问题整治情况的总结报告》。二是推进草原生态环境整治。保护区所有草原纳入草原补奖政策范围，已全部完成21.97万羊单位减畜任务，传统共牧区放牧牲畜全部退出并实行禁牧管理。三是妥善解决"一地两证"问题。已调查核实保护区林权证与草原证"一地两证"重叠面积567万亩，建立了统一的数据库并确权颁证。四是加强清理整治行动督查。组织对张掖、武威、金昌等市祁连山国家级自然保护区矿业权、水电站、旅游设施、交通基础设施、草原过牧、环境污染等问题整改情况开展现场督查，对重大案件实行分级挂牌督办，督促相关责任部门全面清理整顿违法违规项目，确保各项整改措施落实到位。

3. 加强开发利用活动监督管理

一是划定祁连山地区生态保护红线。甘肃省政府制定《甘肃祁连山地区生态保护红线划定工作实施方案》，按期完成祁连山地区生态保护红线划定任务。二是建立重点生态功能区产业准入负面清单制度。制定印发《甘肃省国家重点生态功能区产业准入负面清单（试行）》，将祁连山冰川与水源涵养生态功能区 10 个县纳入范围，严禁发展不符合主体功能定位的产业。三是强化规划管控和事中事后监管。严格落实原环境保护部、国家发展和改革委员会等十部委印发的《关于进一步加强涉及自然保护区开发建设活动监督管理的通知》，省级相关部门制定印发《关于进一步加强祁连山等自然保护区项目审批监管工作的通知》《关于进一步严格涉及自然保护区建设项目环境影响评价工作的通知》等，切实加强保护区管理，加快清理处置违法违规项目，确保各类生态治理项目建设合规依法。四是完成核心区居民搬迁工作。张掖市、武威市祁连山国家级自然保护区核心区 208 户 701 名农牧民全部搬迁，迁出区住宅及棚圈全部拆除。

4. 加大资金投入力度

一是加快推进祁连山生态保护与建设综合治理规划实施。多渠道筹措整合资金，加快祁连山国家级自然保护区林地保护、草地保护、湿地保护、水土保持、冰川保护、生态保护支撑和科技支撑七大工程建设。二是统筹实施山水林田湖草沙生态保护修复试点。财政部下达基础奖补资金 20 亿元，省财政安排资金 37 亿元，实施黑河、石羊河流域林草植被恢复、矿山环境治理、防风固沙造林、水环境保护治理等项目。三是加大重点生态功能区一般性转移支付倾斜力度。财政部将甘肃省祁连山地区 11 个县（区）全部纳入国家重点生态功能区转移支付范围，2017～2019 年共下达祁连山地区重点生态功能区转移支付补助资金 28.04 亿元，有效推动了项目落实。四是加强资金使用管理，提高资金使用效率和效益。甘肃省财政部门牵头修订完善各项资金管理办法，严格落实专项资金"先定办法，再分资金"的要求，实行以奖代补，增大因素法分配比例，逐步减少项目直补，督促相关市、县加强资金管理，加快推进整改任务落实。

5. 加强动态监测和监督执法

一是持续清理整治祁连山地区违法违规活动。甘肃省委、省政府制定《甘肃省贯彻落实中央环境保护督察反馈意见整改方案》，将清理整治祁连山地区违法违规活动作为重要内容，加强督导检查，持续跟踪推进。二是加强祁连山重点生态功能区及县域生态环境状况监测评估。组织开展对祁连山地区森林、草地、湿地、冰川等生态系统进行监测，对保护区人类活动现象进行卫星遥感监测，组织省、市、县三级环境监测部门对纳入县域考核的水质断面、空气监测点位及重点污染源进行核查认定，编制完成祁连山国家重点生态功能区（自然保护区）生态环境状况年度监测评价报告。三是不断加大执法检查和监管力度。加强祁连山外围保护地带及周边企业环境监管整治，开展祁连山生态环境问题整改"回头看"，对检查发现的问题及时交办、建立台账、分类施策，督促按期彻底完成，确保整治成效经得起检验。

6. 积极推进祁连山国家公园体制试点

会同青海省编制《祁连山国家公园体制试点方案》，经中央全面深化改革领导小组第三十六次会议审议通过，中共中央办公厅、国务院办公厅已印发。祁连山国家公园管理局正式挂牌成立。编制完成《祁连山国家公园甘肃片区总体规划》，已通过专家评审，并纳入《祁连山国家公园总体规划》。保护区 22 个保护站和 18 个森林公安派出所全部上划甘肃省林业和草原局管理，理顺了管理体制。制定《甘肃省国家公园体制试点工作考评办法》《甘肃省国家公园体制试点建设项目管理办法》，进一步健全完善监管体制机制，统筹推进祁连山国家公园生态环境保护与修复工作。

7. 健全完善生态保护长效机制

一是逐步完善祁连山国家级自然保护区生态补偿机制。国家发展和改革委员会将祁连山生态补偿示范区纳入国家西部大开发"十三五"规划，开展生态补偿标准体系、生态补偿资金渠道和建立利益双方责权相配套政策框架试点工作。甘肃省制定《甘肃省流域上下游横向生态保护补偿试点实施意见》，开展祁连山地区黑河、石羊河流域上下游横向生态补偿试点，推动形成生态保护联防共治的长效机制。二是开展自然资源资产产权制度改革试点。按照中共中央办公厅、国务院办公厅印发的《关于统筹推进自然资源资产产权制度改革的指导意见》，通过调研确定张掖市肃南县为试点县，制定印发了《肃南县自然资源资产产权制度改革试点实施方案》。三是制定《祁连山国家公园甘肃省片区自然资源管护责任制度（试行）》。四是建立自然生态空间用途管制制度。选定武威市古浪县、张掖市肃南县为祁连山地区自然生态空间用途管制制度试点县，2019 年 6 月制定出台《甘肃省祁连山地区自然生态空间用途管制办法（试行）》。五是开展整改验收工作。甘肃省相关部门联合制定《祁连山自然保护区生态环境问题整改验收办法》，按照县级初验、市级认定、省级复核的程序，完成了祁连山国家级自然保护区矿业权、水电站、旅游设施等问题整治的省级验收工作。六是开展祁连山地区生态保护与经济社会长期发展研究。为进一步摸清找准祁连山地区自然生态环境与社会经济发展面临的突出问题，努力探索适合本区域的绿色发展长效模式，甘肃省委托中国科学院牵头组建了专业研究团队，开展祁连山地区生态保护治理与经济社会长期发展研究，目前已完成了初步成果报告。

8. 推进后续整改任务

根据国家《任务分工》和甘肃省制定的《整改落实方案》，祁连山生态环境问题年度整改任务有 3 项在 2020 年年底前完成。

1）通过现有渠道，在安排生态建设专项和藏区专项时进一步加大对祁连山生态环境保护工作的投入力度，推动《祁连山生态保护与建设综合治理规划（2012—2020 年）》深入实施。继续加大汇报力度，通过重点区域生态保护修复专项及"三北"防护林、退牧还草等中央专项，倾斜支持祁连山生态规划项目实施。

2）开展祁连山地区山水林田湖草沙生态保护修复试点，抓紧做好项目细化和组织实施，做好与《祁连山生态保护与建设综合治理规划（2012—2020 年）》的衔接。根据项目实施情况，经财政部和甘肃省政府批准同意，《祁连山山水林田湖草生态保护修复实施方案》调整后的总投资为 81.52 亿元。在省、市、县各部门的共同努力下，目前，张掖、武威两市累计完成工程投资 73.96 亿元，占总投资的 90.73%。目前中央基础奖补和省级配套资金已全额到位，下一步将督促有关市、县加大剩余资金自筹力度，加快推进生态保护与修复，完成试点工作。

3）统筹利用好各类专项资金及相关社会资本，加强资金使用管理，提高资金使用效率和效益，真正把资金投到需要的项目上，把钱用到刀刃上，积极推动《祁连山生态保护与建设综合治理规划（2012—2020 年）》全面实施。在继续争取国家加大对祁连山生态规划给予倾斜支持的基础上，省、市、县将祁连山生态保护修复作为财政资金优先安排的领域之一，统筹整合筹措资金，加快推进祁连山地区各类生态保护修复项目建设。

同时，有 10 项整改任务需持续推进，一是加强重点生态功能区一般性转移支付，二是稳步推进保护区核心区和缓冲区居民搬迁，三是开展祁连山地区自然资源统一确权登记改革试点，四是探索开展祁连山地区生态综合补偿，五是强化项目规划管控和事中事后监管，六是持续跟踪督办祁连山地区违法违规活动，七是加强祁连山重点生态功能区生态环境状况监测评估，八是开展祁连山地区县域生态环境质量监测评估，九是加大祁连山地区执法检查和监管力度，十是持续抓好国家督查和自查发现的涉及祁连山生态保护各类问题整改。将严格对照国家要求，把清理整治祁连山违法违规活动作为整改落实中央环保督察发现问题的重要内容，将祁连山地区重点工业企业纳入年度环境执法范畴，按照"双随机、一公开"要求开展现场检查和暗访排查，对发现的问题依法查处、限期整改。积极开展流域上下游横向生态保护补偿试点，合理补偿有效保护自然资源和提供良好生态产品的市、县，加快形成流域保护和治理长效机制。不断完善土地利用规划调整，将各类自然生态保护区划入禁止建设区，从源头上把牢项目准入关口，切实加强保护区规划管控。继续巩固祁连山专项督查整改成效，推动建立以祁连山国家公园为主体的自然保护地体系，进一步完善排查、交办、核查、约谈、专项督察"五步法"模式，推动祁连山自然生态环境得到系统保护。定期开展遥感监测与相关评价工作，按时限要求完成《祁连山国家重点生态功能区生态环境状况年度监测评估报告》和《祁连山地区县域生态环境质量监测评价报告》。

二、《祁连山生态保护与建设综合治理规划（2012—2020年）》实施情况

（一）实施总体情况（2012～2017年）

《祁连山生态保护与建设综合治理规划（2012—2020年）》批复以来，甘肃省通过多渠道整合、筹措资金推进项目实施，在资金计划安排、项目立项审批、工程建设管理、制度体系建设等方面做了大量的工作，统筹协调人工造林、封山育林、沙化草地治理、湿地保护、科技支撑等规划任务实施，祁连山地区生态环境得到一定保护，生态建设取得了阶段性进展。

尤其是中共中央办公厅、国务院办公厅于2017年6月1日发出《关于甘肃祁连山国家级自然保护区生态环境问题督查处理情况及其教训的通报》以来，甘肃省委、省政府高度重视祁连山生态环境问题问责整改工作，第一时间组织全省各级党组织（政府）和广大党员干部全面深入学习通报精神，并逐条进行对照检查和反思，深入分析问题产生的根源，召开会议研究整改举措。2017年6月24日，中共甘肃省委办公厅、甘肃省人民政府办公厅印发了《甘肃祁连山自然保护区生态环境问题整改落实方案》（甘办发〔2017〕40号）。整改落实方案共涉及八大类31项整改任务，推进祁连山生态保护规划实施是其中一项重要的整改任务。

按照甘肃省委、省政府统一部署，甘肃省发展和改革委员会等相关部门全力推进规划落地实施，加快祁连山生态环境保护工作。2017年4月，甘肃省发展和改革委员会编制印发了《祁连山生态保护与建设综合治理规划（2012—2020年）任务分解落实方案》（甘发改农经〔2017〕336号），将规划任务细化到甘肃省农牧厅、甘肃省林业厅及直属的甘肃省生态环境监测监督管理局、祁连山国家级自然保护区管理局、盐池湾国家级自然保护区管理局，以及酒泉、张掖、金昌、武威、兰州5市。同时，积极向国家发展和改革委员会等部委争取资金，加大资金整合及倾斜安排力度，规划实施进度明显加快，投资强度增幅较大。

　　总体来看，由于部分规划项目无专项投资渠道且有专项投资渠道的项目年度投资安排较少，相关市、县整合资金投入工作进展缓慢，规划任务及投资完成占比较低，截至 2017 年年底，累计完成投资 229 094 万元，占总投资的 51.22%，规划实施期限过半，完成任务没有过半，时间紧、任务重。

　　从分项工程任务完成情况看，林地保护与建设工程完成规划任务的 24.94%，共新增人工造林 76.61 万亩、农田林网 2.96 万亩、特色经济林果 5.95 万亩、封山育林与水源地保护 234.01 万亩、沙漠化土地治理 1.89 万亩；草地保护与建设工程完成退化草地治理 79.98 万亩；湿地保护与建设工程完成规划任务的 13.77%，完成湿地重点保护工程 33.48 万亩、湿地一般保护工程 21.29 万亩；水土保持工程完成水土保持林 2.45 万亩、保护性耕作 5.25 万亩；冰川环境保护工程尚未实施；森林病虫鼠害防治完成 72.83 万亩、草原虫鼠兔害防治完成 1329.71 万亩、毒杂草治理完成 151.8 万亩，其余生态保护支撑和科技支撑项目稳步推进。

　　从分项工程投资完成情况看，林地保护与建设工程、草地保护与建设工程、湿地保护与建设工程、水土保持工程、生态保护支撑工程、科技支撑项目完成投资分别为 55 578 万元、118 837 万元、1622 万元、7401 万元、36 284 万元、9372 万元，分别占规划投资的 29.63%、85.07%、14.56%、47.62%、51.44%、44.54%（图 2-1）。

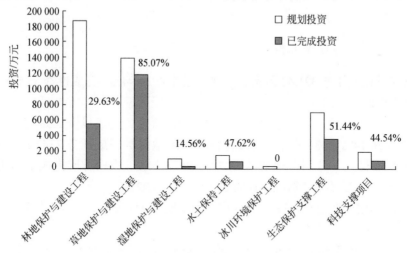

图 2-1　七大工程完成投资与规划投资对比图

　　从各市、保护区管理局及省直部门完成情况来看，各地区各单位完成投资额度和占比差异较大，其中，武威完成投资比例最高，达到其规划投资的 72.97%，盐池湾国家级自然保护区管理局完成比例最低，仅为规划投资的 0.27%（图 2-2）。

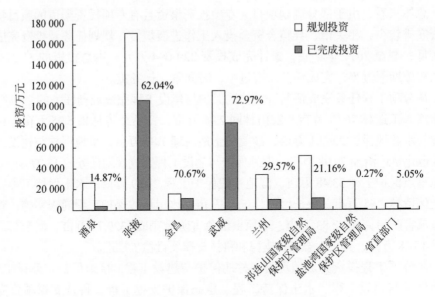

图 2-2 分地区完成投资与规划投资对比图

（二）七大工程实施进展（2012 ～ 2017 年）

1. 林地保护与建设工程

已完成建设任务 321.42 万亩，占规划任务的 24.94%；完成投资 55 578 万元，占规划投资的 29.63%。

1）生态林建设。人工造林完成任务 76.61 万亩，完成投资 3.38 亿元，分别占规划的 36.14% 和 35.62%。封山育林与水源地保护完成任务 234.01 万亩，完成投资 1.63 亿元，分别占规划的 24.34% 和 24.24%。农田林网完成 2.96 万亩，完成投资 1517 万元，分别占规划的 19.44% 和 19.92%。

2）沙漠化土地治理完成 18 976 亩，完成投资 941 万元，分别占规划的 2.09% 和 7.3%。

3）特色经济林果完成 5.95 万亩，完成投资 2975 万元，分别占规划的 61.98% 和 61.98%。

2. 草地保护与建设工程

完成投资 118 837 万元，占规划投资的 85.07%。

1）退化草地治理工程。沙化草地治理完成任务 57.93 万亩，完成投资

8944.9 万元，分别占规划的 42.86% 和 36.76%。退化草地补播改良完成任务 22.05 万亩，完成投资 477.3 万元，分别占规划的 60.16% 和 130.23%。

2）草食畜牧业发展。主要建设人工饲草地 32.41 万亩、牲畜棚圈 346.4 万 m^2、贮草棚 108 万 m^2、青贮窖 108.4 万 m^3，分别占规划任务的 247.4%、95.96%、99.95%、60.02%；分别完成投资 7682 万元、69 035.2 万元、21 637.6 万元、11 060 万元，分别占规划投资的 244.34%、95.62%、100.17%、61.27%。

3. 湿地保护与建设工程

完成任务 54.77 万亩、投资 1622 万元，分别占规划的 13.77%、14.56%。

1）重点湿地保护。共完成任务 33.48 万亩，完成投资 1339 万元。全部由甘州区完成。

2）一般性湿地保护。共完成任务 21.29 万亩，其中，甘州区 20.11 万亩、肃南县 1.18 万亩；完成投资 283.1 万元。

4. 水土保持工程

已完成投资 7401 万元，占规划投资的 47.62%。

1）水土保持林完成任务 24 450 亩，完成投资 1248.7 万元，分别占规划的 16.3% 和 19.21%。

2）小型水利水保工程。谷坊完成 11 座、投资 37.5 万元，蓄水池完成 3 座、投资 30 万元，堤岸防护完成 44.6km、投资 4241.1 万元，引水渠完成 31km、投资 496 万元。

3）保护性耕作。平整土地完成 5.25 万亩、投资 1050 万元，机耕道完成 13.1km、投资 2.6 万元，设备购置 63 台、投资 160.2 万元，附属设施完成 5000m²、投资 135 万元。

5. 冰川环境保护工程

还未实施。

6. 生态保护支撑工程

已完成投资 36 284 万元，占规划投资的 51.44%。

1）森林防火。预测预报站点房建设完成 1024m²、配套设备 11 544 台（套），完成瞭望塔 14 座、购买巡护摩托车 51 辆，新建防火道路 42km、维修防火道路 21km，信息及宣传系统配套设备 120 台（套）、制作防火宣传牌 2048 块，装备扑火设备 22 184 台（套）、运兵车 16 辆，防火指挥器材库房建设 2177.4m²。共完成投资 4074.8 万元，占规划投资的 14.17%。

2）草原防火。购买巡护摩托车 13 辆，信息及宣传系统配套设备 22 台（套），制作防火宣传牌 14 块，装备扑火设备 390 台（套），防火指挥器材库房建设 500m²。共完成投资 173.8 万元，占规划投资的 85.43%。

3）森林病虫鼠害防治。完成森林病虫害防治 69.48 万亩、森林鼠害防治 3.35 万亩，配套部分林业生物防控体系设备。共完成投资 2625.4 万元，占规划投资的 22.33%。

4）草原虫鼠兔害防治。完成草原虫害防治 1014.05 万亩、草原鼠兔害防治 315.66 万亩。完成投资 5849.1 万元，占规划投资的 88.09%。

5）毒杂草治理完成 151.8 万亩，完成投资 759.2 万元，分别占规划的 28.12% 和 28.13%。

6）基础设施建设。祁连山、盐池湾、连城自然保护区保护站等基础设施完成投资 8487.9 万元，占规划投资的 137.6%。

7）农村能源建设。配置太阳灶、太阳能电池、节柴灶、生物质炉、户用风力发电机等 87 270 台（套），完成投资 14 313.4 万元，规划任务和投资全部完成。

7. 科技支撑项目

已完成投资 9372 万元，占规划投资的 44.54%。

1）信息网络体系建设。完成投资 463.1 万元，占规划投资的 23.79%。

2）生态本底数据库建设。完成投资 200 万元，占规划投资的 13.79%。

3）人工增雨工程。完成投资 4804.1 万元，占规划投资的 47.18%。

4）科技示范与推广。投资 2940 万元，全部完成。

5）宣传教育项目。完成投资 76.9 万元，占规划投资的 13.3%。

6）技术培训。完成培训 9841 人次，完成投资 887.7 万元，分别占规划的 46.18% 和 46.18%。其中，农牧民技术培训 8145 人次、管理人员技术培训 1696 人次。

|第三章| 祁连山生态环境治理成效 与转型发展需求

一、甘肃省祁连山生态环境治理成效

（一）人类活动强度明显下降

祁连山区域生态环境治理后，人类活动特别是区域内的采矿、水电、旅游开发强度得到有效控制，区域内部分建设用地复垦为草地，区域植被得到恢复，区域内人类活动强度明显下降。相比 2016 年，2018 年工矿面积减少了 302.43hm²，水利设施用地面积减少了 347.49hm²，旅游用地面积减少了 7.13hm²，结合点位数量变化来看，2018 年工矿用地点位数减少了 198 个，水利设施用地点位数减少了 6 个，旅游用地点位数减少了 8 个。

1. 采矿

通过对 1985～2018 年多期遥感影像进行分析，发现 1985～2016 年甘肃省祁连山工矿用地点位数及面积持续增加，工矿用地点位数由 1985 年的 115 个增长至 2016 年的 466 个，工矿用地面积从 571.23hm² 增加至 2129.41hm²。其中，增幅最大的时期发生在 1990～2000 年，2000～2010 年增速减缓。

自祁连山生态环境治理以来，区域内采矿活动得到有效控制，违规采矿被禁止，区域内的工矿用地点位数和面积均出现明显下降，工矿用地面积由 2016 年的 2129.41hm² 减少至 2018 年的 1826.98hm²，点位数从 466 个减少至 268 个，减量接近一半（图 3-1）。

2. 水利设施

水利设施点位和面积的快速增长始于 1990 年，在 1990～2010 年水利设施用地点位和面积均快速增加。其中，水利设施用地面积由 60.76hm² 增加至 1438.08hm²，增长超过 20 倍，点位数由 14 个增加至 72 个。2010 年以后，

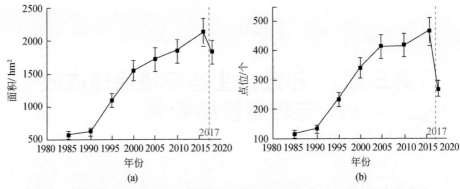

图 3-1　甘肃祁连山重点产业不同时期工矿用地面积变化（a）及点位变化（b）

水利设施用地点位数仍进一步增长，但增速放缓，水利设施用地面积则出现小幅下降，到 2016 年水利设施用地点位数达到 83 个，用地面积小幅下降至 1266.51hm^2。

生态环境治理以来，甘肃省祁连山区域水利设施点位数由 83 个减少至 77 个，面积由 1266.51hm^2 下降至 919.02hm^2，面积减少了 27.44%（图 3-2）。

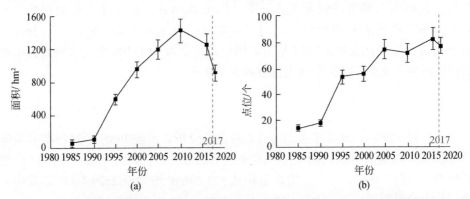

图 3-2　甘肃祁连山重点产业不同时期水利设施用地面积变化（a）及点位变化（b）

3. 旅游设施

1990 ～ 2016 年，甘肃省祁连山区域旅游用地面积呈持续增加趋势，旅游用地面积由 15.20hm^2 增加至 28.33hm^2，旅游用地点位数从 7 个增加至 37 个。其中旅游用地点位数自 2010 年以后增速明显提升，由 11 个增加至 37 个，新增旅游用地点位主要集中在肃南县和山丹县。

生态环境治理后，旅游用地面积下降至 21.20hm^2，较治理前下降了 25.2%，旅游用地点位数减少至 29 个，8 个旅游用地项目撤销。旅游观光人次大幅下降（图 3-3）。

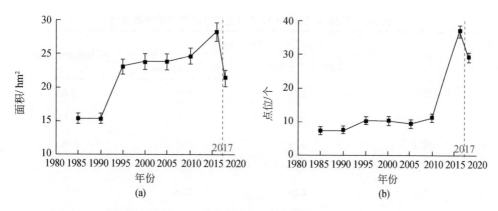

图 3-3 甘肃祁连山重点产业不同时期旅游用地面积变化（a）及点位变化（b）

4. 植被恢复

祁连山生态环境治理过程中部分建设用地退出后，复垦为草地，加之退耕还林、草畜平衡等生态环境政策的加速实施，2016 ~ 2018 年区域内植被得到改善，甘肃祁连山植被整体上呈现明显改善的态势，从区域植被指数来看，区域内79.03%的植被呈现改善的态势，是 1990 年以来区域内植被改善最为明显的时期。而植被退化区域分布较为零散，甘肃省祁连山区东段及中部少数区域呈现严重退化的趋势，总体退化比例为 10.46%，其原因可能与区域内的气象要素变化有关。

（二）生态系统服务供给稳步提升

不合理开发的工业用地、建设用地复垦是祁连山生态环境治理的一项重要工作内容，土地利用性质改变将影响其提供的生态系统服务供给量。

根据中国科学院第二次青藏高原科学考察祁连山片区结果，基于对治理前后卫星遥感数据的分析发现，2016 ~ 2018 年祁连山生态修复带来的地类变化为 8.64 km²（表 3-1），其中工矿用地减少得最多，减少了 6.55 km²，占地类变化面积的 75.81%；草地增加最多，增加了 7.53 km²，占地类变化面积的87.15%。其他地类的变化以农村居民地、水库用地的减少，道路的增加为主，变化幅度不大。

生态修复减少了人类活动对生态系统的干扰，提升了生态系统服务功能。采用生态系统服务综合模拟模型对区域治理后的生态系统服务变换进行模拟分析。甘肃省祁连山地区生态环境治理后土壤保持量、水源供给和固碳量三项生态系统服务供给能力均有所增加，其中，年新增土壤保持 4418.49 t，新增水源供给 28.9万 t，新增碳固定量 12.48 万 t。

表 3-1　2016～2018 年祁连山生态修复带来的地类变化

地类	面积 /km²		面积增加量 /km²
	2016 年（修复前）	2018 年（修复后）	
城镇用地	5.94	5.88	-0.06
农村居民地	38.44	37.92	-0.52
国道	0.56	0.62	0.06
省道	5.15	5.26	0.12
县道	2.26	2.36	0.10
乡道	6.74	6.66	-0.08
村道	7.43	7.84	0.41
专用道路	5.21	5.09	-0.12
其他道路	61.94	62.24	0.29
工矿用地	69.37	62.82	-6.55
旅游用地	0.28	0.21	-0.07
水电站	0.75	0.71	-0.04
水库	12.69	11.50	-1.20
水坝	0.12	0.16	0.04
坑塘水面	0.20	0.25	0.05
房屋	0.00	0.00	0.00
恢复草地	0.00	7.53	7.53
裸地	0.10	0.10	0.00
其他人工硬表面	0.10	0.10	0.00
其他用地	1.09	1.14	0.05

（三）环境污染物排放量下降

以采矿业为主体的工业生产带来的"三废"排放是影响祁连山地区环境质量的主要原因，通过治理，区域内不合理的矿产开发得到有效控制，各类矿产资源开采量明显下降，生产排放的污染物也随之减少。基于甘肃省张掖、武威、金昌、酒泉四地市统计数据，利用联合国环境经济核算框架，结合区域生产情况，分析发现工业生产产生的各类污染物排放量均有所减少（表 3-2）。

表 3-2 祁连山环境治理后的环境污染物减排情况

污染物类型	单位	张掖	武威	金昌	酒泉	四市合计
氮氧化物	万 t	0.53	0.00	0.56	0.93	2.02
二氧化硫	t	184.22	0.00	191.40	318.30	693.92
化学需氧量	t	16.82	0.00	54.11	25.78	96.71
工业废气量	万 m³	15 429.49	0.00	16 031.03	26 659.24	58 119.76
工业废水	万 t	121.36	465.97	60.71	9.73	657.77
工业粉尘	t	0.73	0.00	0.75	1.26	2.74
汞	mg	5.18	0.00	1 933.36	1 100.77	3 039.31
镉	g	63.22	279.58	29.56	0.00	372.36
铅	kg	0.05	0.00	2.50	1.41	3.96
砷	kg	3.31	0.00	7.31	3.17	13.79
石油类	kg	468.28	0.00	486.54	809.10	1 763.93

通过治理，甘肃省祁连山地区人类活动明显下降，采矿、水电、旅游等人类活动用地点位数及面积明显下降。上述建设用地退出后，大部分进行了复垦，区域草地面积增加。水源供给、水土保持和固碳释氧等生态系统服务供给能力增强。区域内矿产资源开发强度明显下降，矿山生产排放的废水、废渣和废气减少，有助于区域环境质量的提升。

（四）《祁连山生态保护与建设综合治理规划（2012—2020 年）》实施效果评价

《祁连山生态保护与建设综合治理规划（2012—2020 年）》实施以来，通过整合天然林保护、"三北"防护林、退耕还林、退牧还草、水土流失治理等重点生态工程建设资金,在生态保护建设综合治理和生态系统自然更新恢复的双重作用下，近年来规划区生态环境状况总体呈稳定向好趋势，具体体现在以下几个方面。

1.总体效果评价

（1）区域生态环境逐步改善

植被覆盖度总体趋向好转。根据中国科学院西北生态环境资源研究院监测数据，2000 ~ 2017 年，祁连山地区生长季植被覆盖指数（NDVI）多年平均值呈现上升趋势，增加速率为 0.002。空间上，祁连山植被覆盖呈现出东多西少的分布特征，与祁连山降水的空间分布特征基本一致，由东向西年累积平均 NDVI 逐渐减小，东部地区年累积平均 NDVI 最大，生长季平均在 0.4 以上，主要植被覆盖类型为森林、高寒草原和典型草原，分布在冷龙岭、乌鞘岭、达坂山、拉脊山等地；中部地区年累积平均 NDVI 次之，在 0.2 ~ 0.4，主要植被类型为高寒草原和典型草原，分布在河西走廊南山、大通山西段、托来山、青海湖沿岸及西北部、托来南山等地；西部地区年累积平均 NDVI 小于 0.2，植被覆盖较少，主要植被类型为荒漠草原，分布在党河南山、疏勒南山、柴达木山、野马南山等地；最西端植被覆盖最少，年累积平均 NDVI 在 0 ~ 0.1，主要是荒漠、裸地、冰川区。垂直空间上，NDVI 最大的区域主要分布在海拔 2700 ~ 2900m，海拔大于 3900m 时 NDVI 随着海拔的升高迅速下降；森林主要分布在海拔 2300 ~ 2900m，高寒灌丛分布在 2900 ~ 3900m，草原分布在 2300 ~ 3400m。

水土流失治理成效初显。根据甘肃水利发展统计公报，规划区水土流失综合防治效果逐步显现，水土流失趋势有所减缓，2012 ~ 2015 年昌马河、黑河、杂木河年输沙量与多年平均输沙量相比呈下降趋势，其中 2015 年输沙量分别降低 4.27%、87.48%、83.56%。

水源涵养和径流补给能力维持稳定。根据甘肃水利发展统计公报，规划区内多年平均水资源量维持在 75 亿 m³ 左右，其中，黑河 36 亿 m³、石羊河 15 亿 m³、疏勒河 21 亿 m³、黄河流域 3 亿 m³，区内水源涵养功能和径流补给能力基本稳定。分不同流域看，石羊河流域出山年径流呈减少趋势，黑河流域部分河流出山年径流呈略微增加趋势，疏勒河流域部分河流出山年径流呈显著增加趋势（表 3-3）。

表 3-3　甘肃省祁连山地区主要河流水系情况

水系	河名	水文站	规划期初径流量 /亿 m³	2016 年径流量 /亿 m³	流经县（市、区）
石羊河	杂木河	杂木寺	2.460	2.441	肃南县、凉州区
	金塔河	南营	1.440	1.331	肃南县、凉州区
	东大河	沙沟寺	3.110	3.059	肃南县、凉州区
黑河	大渚马河	瓦房城	0.870	0.888	肃南县、山丹县
	黑河	莺落峡	15.500	15.790	肃南县、甘州区
	梨园河	梨园堡	2.310	2.262	肃南县、临泽县
	马营河	红沙河	1.160	0.885	肃南县、肃州区
	丰乐河	丰乐河	0.990	0.954	肃南县、肃州区
	洪水河	新地	2.870	2.228	肃南县、肃州区
	讨赖河	沙沟	6.410	6.127	肃南县、嘉峪关市

续表

水系	河名	水文站	规划期初径流量/亿 m³	2016 年径流量/亿 m³	流经县（市、区）
疏勒河	白杨河	白杨河	0.480	0.483	肃南县、玉门市
	石油河	玉门市	0.410	0.267	肃北县、玉门市
	疏勒河	昌马堡	9.940	9.272	肃北县、玉门市
	榆林河	榆林河水	0.650	0.536	肃北县、玉门市
	党河	党城湾	3.160	3.542	肃北县、敦煌市

生物多样性得到保护。林草工程的实施，提高了区域生态环境质量，增加了生态产品供给，也为野生动植物栖息和繁衍提供了良好的生存环境。根据祁连山国家级自然保护区管理局监测，保护区内Ⅰ级重点保护野生动物雪豹、藏野驴、马麝和Ⅱ级重点保护野生动物狼、蓝马鸡、甘肃马鹿、岩羊的种群数量逐年增加，遇见率明显提高。2017 年 11 月，盐池湾国家级自然保护区管理局冬季巡护时多次发现上百只的岩羊、藏野驴、野牦牛、白唇鹿等野生动物；红外相机多次拍到白唇鹿、雪豹、棕熊、藏野驴、猞猁、狼等野生动物，样线监测数据显示党河南山区域野生动物数量明显增多，发现的白唇鹿种群数量最多达 50 多只。

（2）经济发展模式不断优化

通过发展绿色经济，以草定畜，培育细毛羊、鹿产品、中药材等特色优势产业，规划区经济结构得到优化调整，产业规模化、标准化程度得到提高。规划实施中，积极动员和鼓励保护区农牧民搬迁到区外公共基础设施较为完善的地区，2013～2016 年，累计安排中央和省级财政性补助资金 22.59 亿元，对民乐县、山丹县、凉州区、古浪县、天祝县的 16 668 户 73 964 人实施了易地扶贫搬迁；2012 年以来对核心区、缓冲区内的农牧民群众开展技术培训累计 9841 人次，提升了农畜集中养殖、加工等技能技术水平，粗放的大田生产模式逐步转向依靠现代科技、精心管理为主的设施农牧业及日光温室瓜菜业和酿造葡萄、皇冠梨、红枣、枸杞等特色林果业。规划区农村居民人均可支配收入持续增加，各县（市、区）农村居民人均可支配收入年均增长率均保持在 11% 以上（表3-4），优势农牧产品收入在家庭经营收入中的比例维持在 80% 以上，实现了农业增效、农民增收。

（3）生态文明意识普遍提高

规划区内各级党委、政府重视生态文明建设决策部署，通过专题研讨、座谈会等方式，加强生态文明理论体系和《中华人民共和国草原法》《中华人民共和国森林法》《中华人民共和国水土保持法》《中华人民共和国水法》等法律法规学习，树立了尊重自然、保护自然、善待自然的科学理念，营造了关心生态、支持生态的良好氛围，提高了群众的法治观念和生态保护意识。同时，通过深入开展绿色文明村镇、社区、机关、校园、企业等创建活动和义务植树，倡导和谐文明的生活方式、消费方式和行为模式。

表 3-4　规划区 2012 ~ 2016 年农村居民人均可支配收入　　（单位：元）

行政区	2012 年	2013 年	2014 年	2015 年	2016 年	年均增长率 /%
甘肃省	4 507	5 108	5 736	6 936	7 457	13.41
酒泉市	9 645	10 851	12 142	13 603	14 596	10.91
肃北县	14 025	16 213	18 000	20 087	21 393	11.13
阿克塞县	15 000	17 340	19 251	21 463	22 879	11.13
张掖市	7 504	8 465	9 489	10 823	11 646	11.61
甘州区	7 943	8 864	10 021	11 320	12 218	11.37
肃南县	9 469	10 705	11 972	13 432	14 418	11.08
民乐县	6 393	7 202	8 106	9 285	9 976	11.77
山丹县	7 316	8 269	9 306	10 527	11 295	11.47
金昌市	7 885	8 863	9 900	11 459	12 284	11.72
永昌县	7 610	8 486	9 457	10 679	11 438	10.72
武威市	6 135	6 963	7 834	9 101	9 784	12.38
凉州区	7 551	8 371	9 404	11 178	11 966	12.20
古浪县	3 555	3 940	4 507	5 412	5 821	13.12
天祝县	3 842	4 399	5 050	5 916	6 369	13.47
兰州市	6 224	7 114	8 067	9 621	10 391	13.67
永登县	4 900	5 642	6 382	8 287	8 974	16.33

2. 单项工程实施效果评价

（1）森林覆盖率明显提高

根据甘肃省森林资源连续清查成果，祁连山地区森林资源呈现出面积和蓄积双增长的势头。通过 6 年的林地保护和建设，共实现人工造林 76.61 万亩、水土保持林 2.45 万亩、封山育林与水源地保护 234.01 万亩、农田林网 2.96 万亩、特色经济林果 5.95 万亩，成林率分别按 80%、80%、50%、40%、100% 计，规划区森林覆盖率从 2009 年的 11.98% 提高到 2017 年的 13.28%。通过林地保护、水土保持林、保护性耕作、水保设施等工程建设，有效保护了森林资源，提升了碳汇储备能力。

（2）沙化扩展趋势得以减缓

根据甘肃省荒漠化和沙化土地监测结果，规划区荒漠化土地和沙化土地面积呈现双减少的趋势。规划实施 6 年，通过工程措施和生物措施治理沙漠化土地 1.89 万亩；累计营造农田林网 2.96 万亩，保护高产农田 21 万余亩；通过禁牧封育、免耕补播等措施，完成沙化草地治理面积 57.93 万亩、退化草地补播改良 22.05 万亩，规划区沙化退化草地治理度达到 42.86%，沙化扩展趋势得以减缓。

（3）草原生态环境逐步改善

2017 年，甘肃省农牧厅针对天祝县、肃南县、古浪县、凉州区、永昌县、山丹县、民乐县、甘州区、山丹马场采集的草原资源与生态监测样方数据显示，祁连山国家级自然保护区草原综合植被盖度为 60.7%，其中，草甸类草原植被盖度平均为 84%、荒漠类草原植被盖度平均为 28%；2011～2017 年，上述 9 县（区、场）共禁牧草原 1912.89 万亩，草畜平衡草原 2254.95 万亩，累计完成减畜任务 41.16 万羊单位。草原监测样方数据显示，肃南县草原综合植被盖度从 2011 年的 65.5% 提高到 2017 年的 78.2%，牧草平均高度从 2011 年的 14 cm 提高到 2017 年的 19 cm。

（4）草食畜牧业稳步发展

结合草地载畜量调整，强化养殖基础设施建设，共新建牲畜棚圈 346.4 万 m²、贮草棚 108 万 m²、青贮窖 108.4 万 m³；发展人工饲草基地 32.41 万亩，年新增可食青干草 13 977 万 kg，年增加牲畜饲养量 15.95 万个羊单位，减轻了天然草场的放牧压力，促进了畜牧业生产方式由天然放牧粗放型向舍饲养殖精细化的转变。

（5）湿地面积维持稳定

通过减畜禁牧、封禁保育、宣传警示等措施，规划区内完成湿地重点保护面积 33.48 万亩、湿地一般性保护面积 21.29 万亩，规划区湿地面积稳定在 2373.17 万亩以上。

（6）生态保护基础设施保障能力不断提升

规划实施 6 年，建设瞭望塔 14 座，预测预报站点房建设 1024 m²，维护及修建防火道路 63 km，配套扑火机具及装备 22 574 台（套），初步完善了规划区森林草原防火体系，提高了森林草原防火能力，强化了群众防火意识。同时，规划区加强森林草原病、虫、鼠、兔害防治，森林资源得到有效保护，林产经济损失减少，草原毒杂草比例下降，总产草量和可食用牧草量均有所提升。另外，通过引导、鼓励广大农牧业从业者节约资源和使用清洁能源，规划实施 6 年共安装太阳灶、节柴灶、风力发电机等 87 270 台（套），年可减少支出 6007 万元，改善了农牧地区能源结构，缓解了农户对自然资源的过度依赖，减少了碳排放。

（7）科技支撑体系初具雏形

通过祁连山人工增雨雪体系工程建设，规划区内的人工增雨作业系统、探测设备等较为完备，可保障区域内人工影响天气作业开展。规划区新设立的生态环境本底数据库及信息网络体系，有助于及时掌握区域内生态环境因子的变化，便于评价生态环境质量。加大了规划区农牧民和基层管理人员的技术培训，内容涉及产业技能提升、项目管理程序、生态文明理论等相关知识，为规划实施奠定了坚实的组织基础。

二、区域生态环境保护和经济社会转型发展需求

（一）区域生态环境治理需要长效机制

历经多年综合治理，祁连山生态环境由乱到治、大见成效，区域内人类活动强度显著减弱，生态环境明显好转。但目前仍存在监测预警体系不健全、局部生态退化、监管制度不完善及缺少生态资产货币化路径等问题，威胁着甘肃省祁连山地区生态系统的长期安全、稳定。

1. 生态环境监测体系建设有待加强

快速精准地监测祁连山区域内人类活动及环境变化，成为区域生态环境资源管理的重要基础需求。尽管区域内目前已存在大量监测站点，但是由于缺少统筹规划，存在数据共享困难、重复建设等问题，导致资源浪费和监测盲区存在。同时当前各自为政的监测模式，缺少空天地一体化的立体监测及相应的数据展示平台，无法满足当前快速反应、精细化决策的需求。

2. 部分区域仍存在生态系统退化问题

尽管多年的生态环境治理，纠正了不合理的人类活动，但由于祁连山生态的脆弱性，人类活动造成的生态环境损害无法在短时间内全面恢复。同时气候变化进一步导致冰川退缩、冻土退化，间接对区域水文过程产生影响，导致局部生态退化问题加剧。此外，在治理过程中为了加快达到恢复目标，部分区域采取了异地取土等过度治理方式，对本地景观和植被恢复造成了不利影响。因此需要基于对该区域气候、植被特征的认识，科学合理地制订植被恢复计划，以生态系统长

期健康稳定为目标开展植被保护与恢复工作。

3. 缺乏面向国家公园建设的系统化管理制度

构建可靠的长效监督管理模式,是确保甘肃省祁连山地区生态长期保护与恢复的重要环节。由于甘肃省祁连山地区面积广阔,生态环境类型多样,区域间差异明显,区域内人口较多,开展全面监管的难度大、花费高,仅依靠行政执法部门的力量难以实现全面系统监管。目前林草管护人员的监管面积任务超过国家要求,且设备较为落后,管控难度大。国家公园落地后,管控力度较自然保护区管理有增无减,以目前的管控机制很难达到国家公园管控的目标。需要进一步创新管理制度,加大管理力度,保障国家公园生态环境安全。

4. 缺少绿水青山向金山银山转变的政策路径

高强度治理一方面加速了区域生态环境保护与恢复,另一方面对区域的经济造成一定的负面影响。探索生态与生计双赢的管理制度,有助于实现区域良性可持续发展。祁连山地区具有水源涵养、水土保持和防风固沙等重要生态功能,是西北地区生态安全的重要屏障,其生态资产价值巨大。但目前缺少能够将生态资产转化为金融资产的有效路径。生态保护补偿是将绿水青山转化为金山银山的有效路径,但目前甘肃省祁连山地区生态补偿存在补偿范围小、补偿标准低和补偿方式单一等问题,需要紧密地结合国家相关政策,完善区域生态补偿机制。

目前祁连山生态环境保护已经逐步由重锤整治向长效治理转变,在这一过程中需要构建体系化的长效管理机制,形成"监测—恢复—管理—可持续发展"的甘肃省祁连山地区生态环境保护治理长效模式,解决目前生态环境保护与恢复中面临的各类问题,化解生态保护与区域发展之间的主要矛盾。

(二)生态治理给区域经济带来新机遇

祁连山生态环境治理有效控制了区域内的人类活动,但也对区域经济造成了一定冲击。沿山 11 个县(区)经济总量下滑 5.27%,区域内农业、工业增加值分别下滑 15.09%、19.51%。产业发展模式的变化对农牧民收入和生产方式造成了直接影响,当地居民特别是 40 ~ 55 岁的人群生计风险增大,急需寻找新的支柱产业。

1. 生态治理对区域经济造成短期影响

由于区域自然地理、人文历史等多方面原因,祁连山地区的经济发展和财政收入主要依赖矿产、水电等资源开发项目，群众生活以放牧等传统畜牧业为主，绿色产业发展尚处于起步阶段。祁连山治理后，第一、第二产业均受到影响，GDP 总量出现负增长（表 3-5）。

表 3-5　甘肃省祁连山沿山县区生态环境治理前后地方 GDP 变化　　（单位：%）

地区	县（区）	GDP	一产增加值	二产增加值	三产增加值
金昌	永昌县	-1.24	-18.06	-4.12	7.99
酒泉	阿克塞县	-44.48	-2.02	-70.69	0.51
	肃北县	-26.83	8.62	-47.34	5.60
武威	凉州区	-5.13	-3.44	-20.91	8.61
	古浪县	-3.14	-9.51	-13.77	9.53
	天祝县	-14.4	25.43	-52.28	15.16
张掖	山丹县	-0.23	-20.76	1.63	8.64
	民乐县	-8.33	-32.83	-7.91	11.55
	肃南县	-27.35	7.32	-57.48	10.69
	甘州区	-2.41	-35.39	-1.49	10.58
兰州	永登县	6.06	-21.04	8.27	10.26
合计		-5.27	-15.09	-19.51	9.64

通过对比沿山 11 个县（区）治理前后 GDP 可以发现，除保护区面积占比较小的永登县之外，其余 10 个县（区）的地区生产总值均出现下滑。治理前（2016 年）沿山 11 个县（区）GDP 总量为 877.81 亿元，三次产业结构占比为 20.54：33.73：45.73。治理后（2017 年）区域 GDP 总量下滑至 831.51 亿元，较治理前下降了 5.27%，三次产业结构占比为 18.41：28.66：52.92，农业及工业生产受明显影响，第一产业 GDP 下滑 15.09%，第二产业 GDP 下滑 19.51%。

分县（区）来看，经济受影响最大的是阿克塞县、肃北县和肃南县等对采矿业依赖程度较高的县，阿克塞县治理后全县 GDP 下滑 44.48%，肃北县和肃南县的下滑幅度也都在 25% 以上。

分产业来看，一产下滑较为严重的地区主要集中在甘肃省祁连山中、东段，包括永昌县、山丹县、民乐县、甘州区和永登县，下滑幅度均高于 18%，其中甘州区一产产值下滑 35.39%。二产下滑幅度较大的地区主要是采矿业较发达的阿克塞县、肃北县、肃南县和天祝县，下滑幅度超过 47%，下滑最为剧烈的阿克塞县，二产产值下滑 70.69%，增加值不足治理前的三成。

2. 传统产业发展受限

经济发展具有很强的路径依赖性，不仅受经济发展阶段的影响，而且在很大程度上受国家政策和外部环境等因素的影响。由于历史、地理环境等原因，甘肃省祁连山地区长期以来形成并沿袭的传统经济发展模式并未得到根本改变，以"高投入、高消耗、高污染、低效益"为特征的粗放型资源开发模式没有得到根本扭转。

祁连山生态环境治理对沿山各县（区）经济发展产生了较大影响，旅游、采矿和水电产业为上述县（区）支柱产业，治理后上述产业收入明显下降。例如，天祝县 2017 年接待旅游人数 56.48 万人次，较 2016 年的 106.53 万人次减少了 50.05 万人次，同比下降 46.98%。旅游收入减少了 3.15 亿元，同比下降 52.68%。同时祁连山生态环境治理也影响了当地特色产品的销售，对农牧民的收入产生负面影响。在上述产业发展受限的背景下探索新的发展模式、寻找新的绿色产业是摆脱目前困境的主要手段。

（三）区域内居民亟须建立新的可持续生计模式

祁连山生态环境治理对区域的传统发展模式造成了影响，居民的传统生计模式也受到冲击。

1. 生态移民导致部分农牧民生计风险增大

生态移民后，农牧户原有耕地、草场被收回，导致其拥有的生态资产总额下降，其原有技能在移民后无法产生收益，导致其人力资本总额下降，原有社会关系被打破，建立新的社会关系需要时间，影响其社会资本。上述生计资本的影响，导致生态移民的生计风险增大，存在移民回迁和两地居住的问题，部分区域存在复耕及偷牧的现象。

2. 敏感人群受影响程度高

当前对部分敏感人群的关注不够，特别是 40 ~ 55 岁的农牧户，在关停采矿企业打工的农牧民主要属于这一年龄段，其中有一部分原本就是禁牧或退耕后的失地农牧民，环境整治后再次失去稳定收入来源。在生态移民政策中，也存在类似问题，农牧民失去耕地和草场，导致拥有的自然资本数量下降，改变生计模式导致其人力资本数量下降，使该年龄段农牧户总体生计资本下降，可持续生计能力受到影响。

3. 转变生计模式时缺少融资渠道

农牧民在改变生产方式的过程中缺少融资渠道。在区域生态环境治理过程中，部分农牧民拥有的资源发生变化，需要寻找新的生计模式，如部分当地农牧民目前逐步从传统种养殖模式向设施种养殖模式转变，但在贷款过程中由于没有抵押物，同时评估偿还能力弱，导致无法获得生计转变所需的启动资金，限制了其寻找新的生计模式的能力。

4. 部分区域就业难度加大

农牧民在选择外出务工时，生计风险主要包括收入和就业难度的变化。根据调查结果，在祁连山环境治理前后 3 年内，外出务工的农牧民中大部分表示收入没有显著变化，但就业难度明显增加，尤其是从事工程车作业、建筑业、承包工程和打零工的农牧民受到的影响最大；而从事电焊工等技术工种及农业的农牧民则受到的影响较小。

在甘肃省祁连山地区走访调查过程中，在所有受调查者中，表示收入减少的占 23%，收入没有变化的占 63%，只有 14% 的人表示收入有所增加；针对就业难度的变化，其中有 44% 的人表示就业难度增加，52% 的人表示没有变化，只有 4% 的人表示就业难度降低。

5. 急需生态资产向金融资产转化的有效路径

祁连山区域生态系统服务价值巨大，其生态系统健康程度不仅影响该区域的人类福祉水平，而且对其他区域的生态环境质量与生产生活条件有巨大影响。祁连山区域产生的水源供给与涵养服务对中国内陆地区的水资源安全具有重要意义，区域内植被的固碳释氧和水土保持服务对中国西北地区、华北地区的气候具有重要的调节作用，祁连山区域丰富的物种多样性和大量特有物种的存在是巨大的基因宝库，如何在全面保护的背景下将生态价值转化为实际收入是实现区域绿色可持续发展的关键。

面临新的挑战与机遇，甘肃省祁连山及河西走廊地区亟须转变发展模式，发挥生态资源优势，加强生计转变中的各类保障，探索生态产品价值化实现路径，突破"绿水青山"向"金山银山"转化的瓶颈。

总体上来看，生态环境治理给甘肃省祁连山地区社会经济造成了一些暂时性的困难，由于对畜牧、采矿、水电和旅游等产业不合理的人类活动的限制，区域经济出现了下滑，当地居民特别是政策敏感人群的收入出现下降，少数地区出现就业难度加大等问题。祁连山地区的生计资本构成方面，物质资本和自然资本较为丰富，但是人力资本、金融资本和社会资本较为匮乏。这导致了区域生计模式对自然资本和物质资本的依赖程度较高。随着周边区域工业化进程的加速，区域内农牧民的生计模式逐渐发生变化，但是劳动技能、知识水平的限制导致生计模式的变化总体较为缓慢，同时劳动力向高收入稳定行业转移的比例有限。劳动力多从农业生产转向建筑业、矿山开采等行业，而上述行业在本次治理中受到了较大冲击，导致部分农牧民面临再次就业的问题。再就业过程中，信息、技能和金融资本是决定其就业成功率的重要基石，而上述资本恰是祁连山地区农牧民生计资本中较为薄弱的环节。因此，祁连山环境治理在一定程度上会增加区域农牧民的生计风险，特别是目前已经脱离农业生产的群众更易受到影响。

另外，区域环境治理给区域发展模式带来了一次难得的转型契机。在这一过程中需要重新审视区域优势，探索高品质农业、现代工业、特色文化旅游产业、清洁能源、数字经济等潜在的绿色增长点，创造就业机会。应重视区域居民多维生计资本协调发展，通过体制机制创新，协助居民将生态资本和物质资本向金融资本转移，通过技术培训增加人力资本，通过转移支付、互助合作机制构建补充社会资本，助力区域群众形成新型可持续生计模式。

|第四章| 甘肃省祁连山生态环境保护治理长效模式构建

一、空天地一体化的生态环境监测体系建设

通过地面综合观测网与以无人机 – 高分卫星 – 中高分辨率卫星为主的空 – 天多源遥感监测系统的有机集成，构建覆盖祁连山地区"山水林田湖草沙"系统的空天地一体化监测系统，通过开展地面协同观测、重点区域高时空分辨率与全区域长时序的遥感监测，生成祁连山多源、多尺度、多要素的综合监测数据集，实现对祁连山地区大范围、全天候、立体化的监测，对于提升祁连山地区生态环境综合管理水平、根除区域内不合理的人类活动、提升对突发灾害的应对能力、助力国家公园可持续发展都具有重要意义。在空天地一体化建设过程中，建议关注以下问题。

（一）加强祁连山地面综合观测网建设

按照统一的观测规范及技术标准，构建覆盖祁连山的地面综合观测网。目前，中国科学院、北京师范大学和兰州大学等单位在祁连山地区建有 24 个野外观测站点，此外各管理部门也有部分野外观测点零星分布其中，上述站点观测内容涉及水文气象、生物多样性、植被和土壤等，涵盖祁连山主要下垫面类型，部分单位已开展了协同观测。但是目前的监测体系仍缺乏整体性设计，存在数据共享困难、重复建设突出等问题。因此，建议整合现有各类监测站点资源，建立涵盖祁连山各类型野外观测站点的观测网络体系。由甘肃省自然资源厅牵头，联合生态环境厅、水利厅、中国科学院兰州分院、兰州大学、北京师范大学等相关单位，在系统梳理现有监测站点的基础上，统筹规划，补充加密缺失站点，建立"祁连山地面综合监测网络"。探索科研机构与行政管理单位多部门共建模式，建立数据共享机制，各个观测站点均需安装无线传输装置，基于物联网技术实现各站点的协同观测，通过数据综汇系统实现对野外观测台站的设备发送指令，实行反向

智能控制。同时，为保证地面综合观测网的正常运行与数据质量，制定一套统一的维护规范，制定处理、汇交等规范，建立观测数据处理与质量控制流程，通过对观测数据进行严格处理、筛选和质量评价，生成高质量的祁连山地区多要素地面观测数据集。建立可视化数据平台，实时掌握祁连山生态环境与自然资源状况，实现对风险的及时预警。

（二）开展无人机与高分卫星遥感精细化监测

以祁连山人类活动区域为监测对象，针对生态环境监测面临的生态系统类型复杂、监测范围广和时效性强等问题，充分发挥高分卫星遥感大尺度、实时、高分辨的技术优势，以及无人机的精细化综合监测能力，通过空天地一体化综合监测、多源遥感协同反演、模型计算等方法，构建以高分卫星、无人机为主的祁连山高时空分辨率生态环境监测体系，建立祁连山高分卫星、无人机遥感产品数据库，开展对祁连山区域全方位、实时监测，为区域生态环境问题与生态环境动态评估提供数据支持。

1. 高分卫星遥感监测

面向祁连山生态环境治理与保护对高分遥感的广泛需求，围绕高分系列卫星，兼顾生态环境监测中普遍应用的资源卫星等国内外卫星数据，以成熟、专业的遥感模型为基础，在软硬件基础应用支撑环境支持下，建立包括图像读取、辐射校正、几何校正、正射校正、图像融合、图像镶嵌、自动配准、图像裁剪、投影转换、数据提取和数据转换等的遥感卫星数据预处理系统；整合相关模型与算法，构建包括土地利用覆被数据、归一化植被指数、植被覆盖度、植被净初级生产力、草地生物量、数字高程模型和人类活动等的遥感产品生产处理系统。高分遥感卫星具有全天候、全天时、全球覆盖、高时空分辨率和光谱分辨率等特点，覆盖了全色、多光谱和高光谱，从光学到雷达、从太阳同步轨道到地球同步轨道等多种类型，构成了一个具有高空间分辨率、高时间分辨率和高光谱分辨率能力的对地观测系统。

2. 重点区域生态环境高分遥感监测

面对祁连山存在的植被退化、雪线上升、湖泊退缩和沙漠化等问题，依据高分卫星遥感及其他卫星的特点，整合相关模型与算法，开展祁连山重点区域的高时空、多尺度遥感监测，进行祁连山重点区域土地利用覆被数据、归一化植被指数、植被覆盖度、植被净初级生产力、草地生物量和数字高程模型等遥感产品的生产，为多尺度、多层次、多角度土地退化、水土流失等问题的动态监测和研究及相关行业部门对资源环境的管理、合理性开发和利用等提供数据支撑。

3. 无人机遥感精细化监测

通过无人机与可见光相机、多光谱传感器、热红外传感器等多源传感器的集成，构建面向祁连山地区人类活动区和典型站点的无人机多源遥感监测系统。针对祁连山重点区域典型性人类活动类型，开展矿山开采、水电建设和旅游开发的无人机精细观测。开展无人机多源遥感观测试验，并进行卫星、地面同步观测。通过无人机遥感观测试验，构建相应的算法模型与技术流程，实现利用无人机遥感获得高分辨率地表参数，包括地表温度、地表反照率、植被覆盖度、叶面积指数、植被净初级生产力、归一化植被指数和生物量等，进而为获得地表水热通量提供数据基础。

4. 重点区域人类活动遥感监测

针对祁连山重点区域人类活动干扰带来的生态环境破坏，搭建以高分卫星遥感监测为主、以地面调查及地面综合观测网为辅的天地一体化监测系统。利用以高分卫星为核心的卫星遥感数据，综合运用地学分析、地理空间分析、生态环境遥感模型模拟及基于人工智能的遥感综合解译技术，实现祁连山"山水林田湖草沙"系统人类活动遥感监测，形成对自然保护区、水源地、特殊环境敏感区、重点生态功能区、农产品主产区、城市人居功能区、工业准入优先区、生物多样性优先保护区和重要湿地生态区等的生态环境遥感宏观、长期动态监测。结合无人机多传感器精准化监测，检验人类活动变化，开展采矿、水电站建设和运行、旅游和过度放牧等人类活动的快速响应与动态评估。

（三）开展中高分辨率卫星遥感生态环境综合监测与预测

目前祁连山区域受到全球气候变化的显著影响，一方面气温升高、降水增加，有助于区域内植被的生长，另一方面冰川显著退缩，给未来区域水安全埋下隐患。因此通过梳理历史数据，开展模型分析，回顾区域生态环境变化历程，预测区域生态环境变化，对科学制定区域长期生态环境政策具有重要意义。

针对区域历史数据缺失的问题，建议面向祁连山全区域开展多源卫星数据融合与协同反演，利用模型同化等方法，生成祁连山区域中高分辨率、长时间序列的生态环境要素遥感产品，结合区域气象历史数据，分析区域内主要生态环境要素的变化历程，识别影响区域环境变化的主要因素。

面向区域生态环境政策制定需求,利用长时间序列卫星遥感、气象历史数据,以及各类模型,对祁连山地区不同气候变化情景下的未来区域土地利用变化、气象要素情况开展综合预测。进而分析区域未来植被变化趋势、冰川消融情况,识别区域生态安全面临的主要挑战。构建区域生态环境预警体系,对可能发生的生态环境资源风险进行针对性评估,并形成相应的管理对策。

二、面向"山水林田湖草沙"的全要素生态系统保护与恢复

祁连山是我国西部重要的生态安全屏障,是"山水林田湖草沙"系统复杂耦合的典型区,是我国生物多样性保护优先区域,也是"丝绸之路经济带"的核心区之一。过去 10 多年来,由于过度开发、超载放牧及全球气候变化的影响,祁连山地区生态环境持续恶化,生态系统结构、功能剧烈变化,系统稳定性、生产能力及系统多样性等方面的不确定性问题突出,水体理化性质变化及生态群落退化等特征明显。经对甘肃省祁连山地区特别是河西段进行实地调研与考察,系统搜集了相关资料,了解了当前现状。为了进一步保护祁连山森林灌丛生态系统和维持整个生态系统健康,加快祁连山自然生态系统修复进程,更好地实现祁连山"山水林田湖草沙"系统优化配置,为国家公园建设提供科学支撑,构建生态文明体制改革先行区域、水源涵养和生物多样性保护示范区域、生态系统修复样板区域,针对甘肃省祁连山地区生态系统长期保护与恢复提出以下几点建议。

(一)以自然恢复为主,适度修复,避免过度治理

祁连山生态系统结构复杂且脆弱,其林、灌、草结构及分布是植被与当地气候长时间相互作用形成的,人工干预可能会对这一脆弱的平衡状态造成不利影响。在区域生态保护中,建议尽量保证区域生态系统的整体性、原真性及系统性。统筹祁连山国家公园自然生态山上山下、地上地下及水源涵养功能各要素,实行整体保护、系统修复。以自然恢复为主,避免采取大规模人工干预措施,加强退化草地治理、天然林保护和水土流失防治。在退化、破坏较为严重的区域,适度开展人工修复,修复过程中需要根据区域海拔、坡向等特征对植被结构进行合理设计,注重修复中灌木林和草地所占比例,避免一味地补植乔木林和异地运土复垦等过度治理。全面合理地提升森林、湿地、草原等自然生态系统的稳定性和循环能力。

（二）加强放牧管控，促进灌木林恢复，维持森林灌丛演替更新

在甘肃省祁连山地区，相比乔木林，灌木林具有较好的适应性，其广布于森林林线上下、半阴坡和部分阳坡，分布范围和面积均远大于乔木林，是祁连山地区森林植被的关键组成部分，在维持当地生态平衡及水文调节方面具有乔木林无法替代的作用。很多灌木的枝叶作为良好的饲料向来深受牧民们青睐，祁连山无疑成为天然的优质牧场，大面积生长的锦鸡儿属植物和金露梅等灌木就是当地重要的牧草资源，其嫩叶和花在每年春季牧草返青前成为当地家畜的"救命草"。在自然放牧模式下，过度放牧现象严重，如肃南县皇城马莲沟，部分区域沙地裸露，说明过度放牧使得林地恢复受阻；实行禁牧后，植被恢复迅速，如连城棚子沟流域，甘蒙锦鸡儿幼苗株高已达 30 cm 以上。建议自然保护优先，在林缘区严格禁牧，避免家畜啃食幼苗，利用抗旱造林技术与树种配置技术，建立林缘区退耕地"灌木造林＋灌草补播＋围栏封育"的生态恢复模式，提高灌木造林成活率，维持良好的森林灌丛自然演替更新，以恢复祁连山植被。

（三）划定草原生态保护红线，科学制定管理制度

祁连山生态恢复目标的前提是评估生态承载力，划定生态保护红线，科学划定禁牧区和草畜平衡区。首先，应根据草原载畜能力开展生态承载力评估，科学设定载畜上限，界定生态保护红线。其次，充分运用各县草原站草地监测数据，科学划定禁牧区和草畜平衡区。禁牧区要严格实施禁牧或季节性禁牧，同时做好与草畜平衡区动态转换。对于完全不适合放牧的区域，严格禁牧；对于可以季节性放牧、少量放牧的区域，严格规定放牧时间和载畜量；对于可利用的草原，根据草场生态功能和生产功能变化情况动态转换放牧场地，真正实现草地资源的合理利用和生态保护。

（四）完善草原围栏建设，适度恢复游牧制度

对自然资源的相关管理制度制定如果没有当地原有居民的参与，容易造成传统生态文化传承链被割裂。我国目前实施的草原围栏制度，在恢复草原生态、促进草原确权承包和明确草原权属责任等方面的确发挥了积极作用，但这一围栏制度主要借鉴西方发达国家（如新西兰）的围栏制度而确立，然而我国的气候条件、人口数量、经济发展水平等与新西兰等发达国家有很大差距。调研表

明，草原围栏对野生动物迁徙、草原鼠害的天敌（如鹰）造成了很大伤害，对牧民传统的游牧文化和草原生态保护理念的传承造成了一定的负面影响，加之草原长期围栏，牧草根系容易腐烂，浪费了宝贵的草地资源，秋冬季草原极容易发生火灾，不利于草原的可持续保护和利用。因此，建议在国家公园土地用途规划范围内，给予原有居民适当的生产生活用地，适当恢复传统的游牧制度，在保护区核心区适当围栏，预留充足的野生动物迁徙通道，探索出一种游牧制度与围栏保护的中间模式。

（五）健全以雪豹为主的祁连山珍稀濒危动物全域监测网络

被誉为"雪山之王"的顶级捕食者雪豹不仅是祁连山的旗舰物种和国家Ⅰ级重点保护野生动物，而且是健康山地生态系统的指示器和青藏高原及欧亚高山地区的标志性物种，其隐蔽性高且种群密度低，主要分布在高山裸岩等人类难以抵达的高海拔区域。鉴于对雪豹在祁连山地区的分布范围、种群数量和动态、栖息地特征和保护性策略等认知的匮乏，建议健全以雪豹为主的祁连山珍稀濒危动物全域监测网络，打破雪豹数据资料壁垒，实现数据共享，形成统一规范的祁连山雪豹专题数据库，建设祁连山雪豹保护专题网络，节约研究资源和提升雪豹研究成果综合集成能力，提升雪豹种群动态和栖息地保护研究水平与支撑能力，提出以雪豹为核心的祁连山国家公园生物多样性保护优先区，促进祁连山雪豹种群调查制度化和常态化，提高保护地巡护监测管理能力和智慧化水平，为祁连山国家公园建设提供科学支撑和技术保障。

（六）建设水源涵养林体系，加强水源地保护

森林生态系统具有强大的水源涵养功能，特别是天然林能够减少水土流失、减沙除淤、储存降水，森林植被在一定条件下还可发挥滞洪、蓄洪及净化水质的作用，所以建设水源涵养林、提高水源涵养能力是水源地保护与生态修复行之有效的生态工程措施之一。根据祁连山地区生态系统现状，建议首先通过人工整地等方式提高林地土壤肥力，其次加快编制完备的森林灌丛抚育规划，调控森林群落结构和动态变化过程，通过补种、原树木林改造及封育等措施逐步形成以完整的群落结构和多树种合理混交为特色的复层异龄林，通过林型错配来达到涵养水源、保持水土和调节局地气候的效果，从而起到有效恢复受损和退化的水源地及其生态系统功能的作用。

三、开展祁连山生态环境网格化管理

在该区域已建立较为完善的空天地一体化生态环境监测网络的背景下，建议推出生态环境网格化管理机制，加强对森林火灾、偷猎盗伐等细微问题的监控，及早发现并解决问题，以此进一步健全祁连山生态环境监管长效机制。

（一）祁连山开展生态环境保护网格化管理的必要性

目前，祁连山生态环境已进入全面修复保护、全面巩固提升和全域监测监管的新阶段。祁连山已初步建立较为完善的空天地一体化的生态环境监测网络，对典型生态系统、核心水源区进行重点监测，可满足开展祁连山生态环境的长时序动态监测和重点生态区域的快速响应与实时监测的需求。但是对于一些细微问题，诸如森林火灾的预防、偷砍偷伐等问题，由于甘肃省祁连山地区面积广阔、生态环境类型多样、区域间差异明显、区内人口较多，开展全面监管的难度大、花费高，仅依靠行政执法部门的力量难以实现全面系统监管。

面积广阔。仅祁连山国家公园甘肃省片区面积已达 344 万 hm^2，占公园总面积的 68.5%，涉及肃北县、阿克塞县、肃南县、民乐县、永昌县、天祝县和凉州区 7 个县（区），包括祁连山国家级自然保护区和盐池湾国家级自然保护区、天祝三峡国家森林公园、马蹄寺省级森林公园、冰沟河省级森林公园等保护地和中农发山丹马场、甘肃农垦集团等多个管理单元。祁连山生态保护仍面临诸多问题，保护区土地广袤，人员不足问题愈发突出，如果仅依靠国家公园管理局单方面实施监管，人力、财力均难以支撑。

区内人口较多，经济活动频繁，人地矛盾突出。人多地少的国情使我国国家公园在建设过程中面临的人地矛盾更为突出。祁连山国家公园试点甘肃省片区内有常住人口 37 257 人，居住地涉及 33 个乡（镇）的 198 个村。大量的人口分布在山区，主要依靠土地、草地、森林等资源维持生计和寻求发展，直接导致了该区域内人与自然关系的紧张化。国家公园建立后，原有居民在资源利用方面受到限制，使得其必须改变传统的生计模式，而当前替代生计发展途径少，急需探寻绿色发展模式。

监管力量薄弱。祁连山甘肃省片区各县（区）、乡（镇）环保执法力量薄弱、费时费力、成本过高，没有形成全片区普遍意义上的监管，传统环境监管方式力不从心。祁连山国家级自然保护区总面积 198 万 hm^2，保护区管理局机关有几十人，基层管护站共有 1400 多人，一线管护人员人均管护面积达到 5.8 万亩，远远高于国家人均 5000 ~ 10 000 亩的管护标准，造成管护面积大、管护人员少，形成管护盲区、只签管护合同而人不在管护岗位等顽疾问题。祁连山国家公园建设过程中，2019 年祁连山国家公园甘肃省片区配置生态护林员 3824 人，人均管护面积为 1.3 万亩，仍然高于国家标准的上限。

监管成本高。祁连山国家级自然保护区管护范围大、战线长，资源管护站绝大多数地处深山老林，海拔高，电力、通信、道路等基础设施条件严重滞后，仍处于以人工徒步或摩托车巡护为主的水平，基层交通工具不足，极不适应加强保护管理的需要。

此外，国有林场管理权变更后其原有的区域森林防火、病虫害防治等职能地方政府如何承接均未明确。国家公园管理中探讨利用网格化管理方式，充分依托区域群众，有助于提升生态环境监测密度和频次，对防止盗猎、盗伐等小范围人类活动及森林防火具有重要意义。网格化管理还有助于促进本地社区在生态环境监管中发挥作用，提升本地居民的参与度，培养其生态环境保护意识。这种管理模式可以有效控制监管成本，并解决行政执法部门监管人力不足的问题。

（二）生态环境网格化管理的应用实践及其成效

网格化管理是指根据空间信息多级网格的思想，按一定的规则将管理对象进行单位划分，并以此作为责任单位工作载体和平台，实施扁平化、精细化、多元化和长效化服务管理的一种社会治理方式。具体来说，就是根据属地管理、地理布局、现状管理等原则，将管辖地域划分成若干网格状的单元，并对每一网格实施动态、全方位管理。

近几年，我国城市社区网格化管理实践推动了网格化管理模式的应用。随着网格化管理在国内的研究不断深入，网格化管理模式在社会治理方面的应用逐渐拓展，当前网格化管理在我国环境监察、消防安全、食品安全和工商监管等诸多领域得到了广泛应用，近几年生态环境保护领域的网格化管理也逐步兴起。网格化管理在我国数字化政务方面的应用风生水起，给政府部门的办公带来了巨大的影响，加快了管理部门的办事效率。

网格化管理的优势在于，实现管理的信息化、人性化、法治化和透明化，促进粗放式管理向精细化管理的转变。网格化管理实现了管理部门监督与指挥职能的分离，明确了各单位的责任，密切联系群众，提升管理工作效率，有利于构建长效管理机制。以北京市东城区万米单元网格城市管理模式为例，自实施万米单元网格管理新模式以来一年的时间内，北京市东城区的公共设施丢失从过去的

80% 下降至 10%，节约了大量人力、物力和财力。初步测算结果表明，新模式的运行每年可以为东城区节约城市管理资金 4400 万元左右。

生态环境保护领域的应用中，陕西秦岭的生态环境保护网格化管理应用最为系统化。2017 年以来，秦岭沿线的宝鸡、渭南、汉中、安康、商洛等地全面实现了四级网格化管理全覆盖，为秦岭生态环境保护工作打造了高效有力的监管网。此外，青海三江源、陕西黄河湿地省级自然保护区的生态环境保护也采取了网格化管理模式。

以西安的秦岭生态环境保护网格化管理为例，2017 年全年共巡查 18.04 万次，发现问题 6159 起，现场处置 5873 起，报上级网格处置 286 起，实现了将破坏秦岭生态环境行为消灭在"萌芽"阶段的目标。西安市还出台了《秦岭生态环境保护网格化管理指标评价体系》《秦岭生态保护区网格化管理网格员管理实施意见》等制度，不断规范网格化管理工作。

（三）落实祁连山生态环境保护网格化管理的建议

1. 建立基于生态管护员的管护机制

第一，按照人均管护面积 10 000 亩的国家标准计算，该片区共需要生态管护员 5160 名，缺口尚有 1336 名，每年用于新增的生态管护员工资的额度为 1068.8 万元；第二，在招募生态管护员时，优先考虑国家公园建设中利益受损的农牧户，让他们成为国家公园的工作人员。

2. 明确各级网格的划分及监管重点

祁连山生态环境保护网格化管理，可依托现有大熊猫祁连山国家公园甘肃省管理局（简称"甘肃省管理局"）的架构，按照界线清晰、任务均衡、管理便捷、无缝对接和全面覆盖的要求，整个生态保护区设置为四级网格体系，推行所有区域"一张图（网格划分图）、一张网（网格管理网）、一套标准（工作标准流程）"的生态环境保护精细化管理制度。

1）甘肃省管理局为一级网格，由局长、局内各部门负责人和第二级网格长组成，局长为网格长。主要职责包括：①制定祁连山国家公园甘肃省片区内生态环境保护网格化管理办法，建立工作机制；②负责片区内生态环境保护网格化管理各项工作的统筹协调、督导检查及考核管理；③协调解决第二级网格上报的问题和本级网格主管部门发现的问题；④协调纪律检查委员会（简称纪委）、监察委员会（简称监委）对生态环境问题进行问责。

2）张掖分局与酒泉分局各自划分为1个二级网格，由分局局长、分局内各部门负责人和第三级网格长组成，分局局长为网格长。主要职责包括：①负责制定本辖区生态环境保护网格化管理方案、工作制度；②领导和监督本辖区第三级网格工作开展，对工作进行指导、考核和评价；③协调解决第三级网格上报的问题及本级网格主管部门发现的问题，超出职权范围的事项，报告第一级网格主管部门，配合做好有关后续处置工作；④协调配合纪委、监委对本辖区生态环境问题进行问责；辖区内的国有林场（森林公园、旅游景区）、自然保护区（湿地公园、旅游景区）、军事区等区域每半年向本级网格长汇报一次生态环境保护工作，重大问题及时报告。

3）三级网格，由自然保护站负责人（主管人员）和第四级网格长组成，保护站站长为网格长。主要职责包括：①负责本辖区内网格员的管理；确定1~2名兼职人员，具体做好本辖区生态环境保护网格化协调管理工作。②协调解决第四级网格上报的问题及本级网格职能单位（主管人员）发现的问题，超出职权范围的事项，及时报告第二级网格主管部门，并配合做好有关后续处置工作。③监督本辖区第四级网格工作开展情况，对网格员的工作进行指导、考核和评价。④每季度至少与辖区内的国有林场（森林公园、旅游景区）、自然保护区（湿地公园、旅游景区）、军事区等区域负责人（或对外联络员）沟通了解一次生态环境保护情况，重大问题及时沟通。

4）若干个四级网格，资源管护站负责人为网格长。主要职责包括：①网格员每天在网格内进行巡查并做好工作记录，发现破坏生态环境的行为应进行劝阻，并及时报告本级网格长；②网格长按照职责迅速处置，超出职权范围的事项，及时向第三级网格的主管人员报告，并配合做好有关后续处置工作。

各级网格员巡查检查的主要内容包括：①网格区域内各类乱搭乱建及其他建设行为；②各类乱砍滥伐行为，侵占林地毁林毁草、破坏植被、乱挖野生植物等行为；③乱采乱挖行为，在河道、自然保护区、水源地保护区等区域采矿采砂、取石、取土、开垦行为；④乱排乱放行为，各类污水直排、沙土弃渣、畜禽养殖粪便、各类垃圾露天堆放行为；⑤乱捕乱猎野生保护动物行为和涉及野生动物及其产品加工利用的场所；⑥破坏文化遗存、文物古迹、古树名木、古刹庙宇等行为；⑦所有危害山、水、林、田、湖、草生态资源的行为；⑧其余无法判断的改变周围生态环境和地形地貌的行为。

3. 保障措施

生态环境保护网格化管理需要的保障措施包括以下几个方面。

1）组织保障。甘肃省管理局、各管理分局要成立相应的网格化管理工作机构，由主要领导负总责，调动各方面工作力量，形成"政府领导、行业牵头、区域负责、社会协同、公众参与"的生态环境网格化管理格局。

2）人员保障。三级网格要落实 2～3 名工作人员，四级网格采取村指派、聘请、吸纳志愿者参与等多种形式，落实 1～2 名公益性岗位，有计划地对各级网格管理人员进行教育培训，努力建设一支政治素质优、业务水平高、工作能力强的生态保护网格化基层管理队伍，真正实现长效机制。

3）技术设备保障。加快数字化建设，建设生态环境保护监控指挥中心，在重点地段建成视频监控系统，将各类工地、景区、农家乐集中区域等纳入监控范围，将现场信息实时传输到监控指挥中心；市、县两级执法人员和三级、四级网格员通过移动执法终端设备对辖区重点工矿企业、建设工地等实行重点监控，确保不留死角，将各类数据在第一时间上传市监控指挥中心，实现生态环境网格化监管智能化、精细化和数字化。

4）经费保障。省级财政部门要加大经费保障力度，积极建立网格化管理经费保障机制，保障市级网格正常运行经费；各分局财政部门保障本级网络正常运行及延伸网格的经费，确保生态环境保护网格化工作稳定长效运行；自然保护站与资源管护站两级配合相关部门积极申请省资金。

四、建立健全祁连山国家公园生态补偿机制

生态补偿作为一种激励性的环境保护政策，通过向生态环境保护者提供现金、实物、技术、政策等支持，提升保护的主动性，推进人类社会与区域生态环境形成良性互动。建立完善祁连山国家公园生态补偿制度，有助于实现区域生态环境保护和社会经济发展的双重目标，实现区域可持续发展，也可以为其他国家公园建设提供经验。

（一）祁连山国家公园生态补偿现状与问题

祁连山是我国重要的生态功能区，肩负着水源涵养、防风固沙和生物多样性保育等生态屏障功能。其生态环境质量的好坏不仅对本区域意义重大，而且直接影响着青藏高原地区、西北内陆河流域，甚至是华北平原的生态环境资源及人类福祉水平。祁连山不仅是甘肃、青海的祁连山，更是全国人民的祁连山。

生态补偿是目前祁连山地区生态环境保护中的重要一环，当前的退耕还林、公益林保护补偿和草原奖补等政策都属于生态补偿范畴，对区域生态环境保护起

着积极作用。但是目前区域内的生态补偿项目存在着一系列问题，限制了生态补偿机制在祁连山区域生态环境保护中发挥积极作用。

1. 补偿标准过低，无法调动居民参与的积极性

当前祁连山生态补偿标准明显偏低，补偿金额无法弥补农牧户参与生态补偿所造成的直接经济损失，影响当地居民参与生态补偿项目的积极性。以新一轮退耕还林为例，5 年补偿标准为 1600 元 / 亩，扣除 400 元苗木补助，实际每年补助 240 元 / 亩，除了极少数高寒低产地区外，区域内耕地的实际收益均高于这一水平，补偿金额远低于耕地收益，导致居民参与热情不高。近年来，随着牛羊肉价格走高，草原奖补项目中补偿标准偏低的问题更为突出。公益林补助方面，中央财政基金对确定为集体（个人）国家级重点公益林每年每亩补助 10 元、国有国家级重点公益林每年每亩补助 5 元，且补偿覆盖面有限，补偿资金短缺直接导致管护单位不能按照生态公益林管护的要求严格管理林地资源，为公益林保护埋下隐患。

2. 补偿方式单一，无法满足居民生计模式转化需求

现金补偿是甘肃省祁连山区域生态补偿的主要途径，尽管可通过退耕还林巩固工程等提供部分实物及技能补偿，但力度与覆盖度都十分有限。参与生态补偿项目后，农牧户的生产资料情况发生变化，原有生计模式受到不同程度的影响，在新的生计模式建立过程中急需技能培训、生产资料补充、政策扶持等多元化补偿方式，提升其可持续生计能力。

（二）补偿资金不足，限制生态补偿项目实施

当前生态补偿资金主要来源于退耕还林、草畜平衡等专项资金，以及国家重点生态功能区转移支付资金。上述资金均为国家转移支付资金，区域内尚没有跨省份的区域间横向支付及社会化补偿资金，补偿资金总额有限。现有资金无法完成对区域内国家要求的坡耕地（坡度 25°以上）的退耕治理，限制了区域内生态补偿项目的实施。

（三）补偿监管缺失，不利于生态补偿项目持续性管理

管护能力不足是祁连山国家公园管理面临的重大挑战，目前管护人员的人均管护面积超过 50 000 亩，远远高于国家人均 5000 ~ 10 000 亩的管护标准。

加之大部分保护区处于深山区，海拔高、道路差，通信设施建设严重滞后，仍处于以人工徒步或摩托车巡护为主的水平，不适应加强保护管理的需要。无法对生态补偿项目的实施状况进行有效监管，不利于生态补偿项目的长期有效实施。目前实施的生态护林员政策，一定程度上缓解了祁连山地区管护人员短缺、管护压力大的问题，但目前的生态护林员岗位的存续及人员构成存在较大的不确定性。

为了实现甘肃省祁连山区域长期的生态环境保护目标，急需建立、健全完善的区域生态补偿机制，解决补偿标准、补偿方式及资金来源问题。

（四）甘肃省祁连山地区生态补偿机制建设相关建议

区域生态补偿必须强调机制建设，单一的区域生态补偿政策、措施并不等同于机制，而补偿机制必须是长效的。作为一种复杂的社会过程，区域生态补偿机制可理解为由相关法律和制度等要素构成，具有明确补偿责任、补偿标准和补偿方式等内容及相应的保障体系，以此实现生态补偿的长效性。祁连山国家公园生态补偿机制建设中建议重点关注以下问题。

1. 加强区域生态补偿法规建设，明确各主体的权利义务

建立区域生态补偿法规，使生态补偿有章可循、有法可依。生态补偿已经是祁连山地区生态保护的一项重要政策，但目前并没有相应的法律法规，导致区域生态补偿制度不能完全依理、依法进行，在操作上缺乏有效的监督，补偿标准也缺乏科学依据，限制了生态补偿的实施效果。因此，建议以国务院办公厅印发的《关于健全生态保护补偿机制的意见》中的相关内容为指导，参考国内相关区域的工作经验，由甘肃、青海两省共同起草、出台《祁连山生态补偿管理办法》，明确祁连山生态补偿的补偿主体、补偿范围、补偿标准、补偿方式和补偿年限等关键问题，并对各主体的权利和义务进行明确，制定相应的奖惩措施，实现生态补偿的制度化和规范化。

在法规中明确祁连山生态补偿的补偿与受偿主体，确定权利与义务。生态补偿的目标是通过生态系统服务使用者向生态系统服务供给者付费，使其获得收益的同时稳定提供生态系统服务，从而实现二者共赢。祁连山是我国重要的生态屏障，影响范围巨大，其生态系统服务受益者众多，不仅是祁连山所在的甘肃、青海两省受益，其水源涵养功能关系西北内陆水安全，防风固沙功能保卫青藏高原和华北平原，因此逐一确定其受益者存在困难。鉴于祁连山在国家生态安全中的重要地位，建议以中央政府作为补偿主体，通过转移支付形式开展补偿工作，同

时对直接利益相关方开展区域间支付补充资金需求。受偿者以祁连山生态环境治理影响的当地及周边地区群众为主体。中央政府是实施主体和义务主体，依照法律的规定承担补偿义务，受影响群众是权利主体，有权依照法律的规定要求补偿主体进行补偿。受影响群众有保护环境的显性投入义务，还有牺牲自己经济社会发展机会的隐性义务，而政府应为前者提供的水环境正外部性提供相应对等的价值补偿。

2. 合理化生态补偿标准与补偿方式，提升生态补偿项目持续性

第一，合理确定补偿区域与补偿人群，提高资金使用效率。在目前情况下生态补偿资金往往是高度约束的，"撒胡椒面"式的补偿方式不利于提升资金的使用效率。当前祁连山区域的生态补偿为"一刀切"模式，整个区域共同开展、推进补偿工作，限制了资金的使用效率。在祁连山生态补偿中建议首先明确补偿目标，根据潜在受偿区的脆弱程度、补偿后的生态系统服务增量与补偿成本，筛选新增生态系统服务量大、补偿成本低的区域优先开展补偿。在开展补偿区域空间选择的同时，对补偿区内环境政策敏感人群进行优先补偿，降低敏感人群的生计风险，从整体上提升补偿资金的使用效率。

第二，适度提高补偿标准，提升受偿者参与意愿。生态补偿实际是通过向土地拥有者（使用者）提供补偿，促进其将土地转变为有利于生态系统服务供给的利用方式。合理的补偿标准应当介于转变土地利用方式导致的损失和增加的生态系统服务价值之间，标准低于土地所有者收益将影响土地所有者的参与积极性，标准高于新增服务价值则不利于公共利益。目前祁连山区域生态补偿标准普遍较低，当前的退耕还林、草原奖补等补偿标准低于农牧民实际的生产收入，补偿的资金总量无法弥补区域农牧户放弃生产所造成的损失，这容易造成区域生态补偿项目的不稳定，为区域复耕、偷牧留下隐患。

建议参考祁连山生态系统服务的价值，适度提高区域生态补偿标准，使农牧户得到的补偿资金略高于其实际损失，有利于提升区域农牧民参与生态补偿项目的意愿，提高生态补偿项目的可持续性。同时增加对现存的采矿、旅游、水电行业的补偿，引导上述生态环境高危行业逐步退出。补偿标准应略高于区域实际损失，一方面提升行业退出的积极性，另一方面提供资金用于区域探索绿色发展模式，实现绿色发展。

第三，多元化补偿方式，形成造血补偿机制。当前祁连山生态补偿方式主要为现金补偿，这一方式操作上较为便捷，同时便于监管，但是往往无法从根本上解决受偿者的可持续生计问题，容易让受偿者形成依赖。建议破除现有对生态补偿受偿者给钱、予物的单一补偿方式，根据区域群众具体需求，依据区域生计资

本评估结果，从自然资本、物质资本、金融资本、人力资本、社会资本和信息资本不同维度提供实物、资金、智力、信息、技术与政策等多元多层次的支持体系，协助群众构建可持续生计模式，稳定收入来源，实现生态保护和区域发展的双目标。

3. 建立生态补偿财政保障机制，多元化补偿资金来源渠道

第一，进一步增强国家横向转移支付力度，并给予政策倾斜。

巩固现有的退耕还林、草原奖补政策，对国家公园地区，根据农牧户实际损失，逐步提高补偿标准。进一步扩大国家公园内公益林补偿的覆盖范围，根据国家公园生态功能价值，适度提高国家公园地区公益林补偿标准。对于国家公园面积超过县域面积40%的县（区）给予国家公园县生态补偿补贴，用于区域绿色产业培育。

在政策上给予适度倾斜，对国家公园区域开展土地综合治理，鼓励生态搬迁，对于生态补偿区域内调整出的建设用地指标，优先纳入增减挂钩交易范畴，交易资金收益部分补充生态补偿资金缺口。将甘肃省肃南县、天祝县和肃北县等祁连山国家公园面积占比高的县纳入生态综合补偿试点县范畴，在上述区域率先探索国家公园生态补偿机制试点方案。

第二，探索流域内区域间水资源补偿，实现中下游对上游区域的反哺。推进黑河、疏勒河和石羊河等由祁连山发源的河流开展流域上下游横向生态保护补偿，加强省内流域横向生态保护补偿试点工作，探索县域间上下游水质水量补偿。完善重点流域跨省断面监测网络和绩效考核机制，实现中下游区域对上游产水区的水质水量补偿。

第三，探索生态损害赔偿资金补充生态补偿资金模式，践行谁保护、谁受益，谁污染、谁付费。将生态损害赔偿与生态补偿制度相衔接，对祁连山区域内造成的环境损害进行系统评估，对造成严重生态损害的企业和个人进行生态损害赔偿追缴，将收取的生态损害赔偿资金用于补充生态补偿资金缺口。

第四，完善生态护林员制度，提升监管能力水平。按照人均管护10 000亩的标准核算护林员人数，扩大生态护林员的覆盖范围，优先考虑本地区参与退耕还林、草原奖补的40～55岁的农牧户，开展技能培训，充实到各林管站，解决敏感人群就业，提升森林草地的整体监管能力。

五、加强区域水资源管理优化水资源利用

合理开发利用自然资源是河西地区社会经济可持续发展的重要基础。水资源

是祁连山及河西地区生态保护与经济社会发展的重要影响因素和对象，水资源承载力状态是合理确定河西地区未来发展模式的重要资源本底依据。同时，水资源情况是河西地区农业、工业等产业发展的基础与条件。在水资源承载能力范围内，优化水土资源利用模式，有助于提升区域资源产出效率，增强区域长期可持续发展能力。

（一）水资源利用现状

1. 水资源供给

2017年疏勒河、黑河和石羊河三大流域地表水资源量分别为29.26亿 m^3、27.03亿 m^3 和16.55亿 m^3，水资源总量分别为29.81亿 m^3、29.15亿 m^3 和18.78亿 m^3。2017年酒泉市、嘉峪关市、张掖市、金昌市和武威市地表水资源量分别为29.25亿 m^3、0.02亿 m^3、36.26亿 m^3、0.52亿 m^3 和12.18亿 m^3；地下水资源量分别为24.27亿 m^3、0.86亿 m^3、24.44亿 m^3、2.28亿 m^3 和8.80亿 m^3；水资源总量分别为30.50亿 m^3、0.06亿 m^3、37.66亿 m^3、0.88亿 m^3 和13.67亿 m^3。

2017年疏勒河、黑河和石羊河三大流域总供水量分别为15.20亿 m^3、35.37亿 m^3 和22.93亿 m^3，主要为地表水源供水，分别占总供水量的76.05%、72.43%和65.02%；地下水供水量分别占23.42%、25.64%和32.62%；其他水源供水量分别占0.53%、1.92%和2.36%。

五地市水资源供给量近年趋于稳定并略有下降。2010～2017年河西地区五地市总供水量维持在73.81亿～79.52亿 m^3，自2012年起，地表水源供水量逐年降低，地下水供水量在2013年达到最高，之后呈现出逐年下降的趋势。从各城市来看，2017年酒泉市、嘉峪关市、张掖市、金昌市和武威市总供水量分别为27.28亿 m^3、2.06亿 m^3、21.83亿 m^3、6.72亿 m^3 和15.92亿 m^3，其中以地表水源供水为主。

河西地区水资源因气候变化短期有望增加，但长远面临水资源危机。中国科学院院士秦大河指出我国西北地区变暖强度高于全国平均水平，施雅风院士亦指出西北气候由暖干向暖湿转型明显。《中国气候变化蓝皮书（2019）》表明，青藏地区降水呈显著增多趋势，西北内陆河流域地表水资源量总体表现为增加趋势。全球气候变化下，西北地区总体呈暖湿化趋势，河西地区气温趋于上升，降水有所增加。祁连山冰川冰雪融化成为石羊河、黑河和疏勒河三大水系来源，是河西地区绿洲的水源基础，但受气温上升影响，祁连山雪线明显上升，冰川急剧萎缩，近年祁连山冰川融水已比20世纪70年代减少了约10亿 m^3，从长远来看，面临着生态危机。从 2005 年以来三大流域年径流量变化趋势来看（图4-1），疏勒河和黑河总体年径流量具有逐渐增加的趋势，石羊河年径流量呈现出逐步降低的趋势。

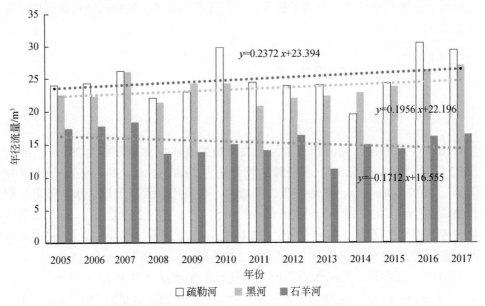

图 4-1　2005～2017 年河西地区三大流域年径流量

2. 水资源需求

河西地区用水量逐步下降，农业用水占比最大，第二、第三产业用水量少，用水结构有待优化。2010～2017 年河西地区五地市农业用水量占比较大；工业用水量占比在 2012 年达到最高，之后逐年下降；生态环境用水量占比呈现出先降低后增加的趋势。从各城市来看，2017 年酒泉市、嘉峪关市、张掖市、金昌市和武威市总用水量中农业用水量占比最高，分别占 86.93%、44.26%、93.94%、86.14% 和 89.20%；工业用水量分别占 3.56%、35.44%、1.42%、8.33% 和 4.59%；城镇公共用水量和居民生活用水量各约占 1%，生态环境用水量占比不超过 2%。

近年来，河西地区五地市耗水量变化不大，维持在 51.43 亿～54.63 亿 m³，农业耗水量占比最高，其次为工业耗水量。2017 年酒泉市、嘉峪关市、张掖市、金昌市和武威市综合耗水率为 70.0%。农业是第一大耗水部门，其中酒泉市农业耗水中农田灌溉和林牧渔畜耗水量分别为 16.10 亿 m³ 和 1.15 亿 m³；嘉峪关市农田灌溉和林牧渔畜耗水量分别为 0.54 亿 m³ 和 0.11 亿 m³；张掖市农田灌溉和林牧渔畜耗水量分别为 13.13 亿 m³ 和 1.77 亿 m³；金昌市农田灌溉和林牧渔畜耗水量分别为 3.94 亿 m³ 和 0.21 亿 m³；武威市农田灌溉和林牧渔畜耗水量分别为 9.22 亿 m³ 和 0.97 亿 m³。

（二）区域水资源承载力分析

河西地区第一、第二、第三产业用水效率基本低于全省和全国平均水平，人均用水量大。如表 4-1 所示，2017 年河西五地市人均用水量远大于全省和全国平均水平，农业灌溉亩均用水量基本处于全省和全国平均值以上，农业节水潜力较大。用水效率方面，第一产业万元 GDP 用水量最大，整体高于全省和全国平均水平；其次为第二产业，除张掖市万元 GDP 用水量低于全省和全国平均水平以外，其他城市均超出全省和全国平均水平；第三产业用水效率最低，嘉峪关市和金昌市用水效率高于全省平均水平。

表 4-1　河西五地市及全省、全国 2017 年主要用水指标

地区	人均用水量 /m³	农业灌溉亩均用水量 /m³	万元 GDP 用水量 /m³	一产用水效率 /（m³/万元）	二产用水效率 /（m³/万元）	三产用水效率 /（m³/万元）
酒泉市	2428	604	344.74	3661.58	51.32	8.97
嘉峪关市	826	611	71.23	2551.35	66.92	2.41
张掖市	1776	463	558.91	2803.90	33.06	11.19
金昌市	1433	591	288.86	3503.65	49.87	5.42
武威市	872	455	349.09	1381.90	57.03	9.76
全省	442	470	151	1073.58	40.84	7.86
全国	436	377	73	575.31	45.6	—

依据国家发展和改革委员会评价标准，河西五地市水资源开发利用均处于超载状态。对河西五地市 2017 年用水总量承载状况进行评价，2017 年酒泉市、嘉峪关市、金昌市和武威市用水总量和地下水开发利用量均处于超载状态，张掖市处于临界超载状态。结合用水总量和地下水开发利用评价结果，河西五地市水量要素综合评价结果均为超载。

当前发展水平下，水资源"红线"约束下，未来（2030 年）水资源可承载的人口和经济规模小于当前水平。研究中，假设生态用水基于 2017 年水平不变，按照 2017 年生活、经济发展（一产、二产、三产）实际用水量的比例，将 2030 年用水总量控制目标按同等比例分解，得出生活、经济发展的用水总量控制目标。

以 2017 年人均用水和单位 GDP 用水为基础，结合 2030 年经济发展用水控制目标，测算分析在 2017 年发展水平下，2030 年水资源可承载的人口与经济规模。根据预测结果，2030 年河西五地市可承载的人口量均少于 2017 年现有人口量。此评价仅基于 2017 年当前技术水平，反映了基于当前技术水平的承载力未来发展趋势。

（三）区域水资源利用模式优化建议

1. 加强规划，实现"量水而行、以水定发展"

水资源是河西地区社会经济发展的约束条件，需要依据水资源承载力情况，以水定发展。根据分析结果，2017 年河西五地市用水总量基本均为超载状态，2030 年仅有嘉峪关市和金昌市水资源承载的经济总量高于 2017 年水平，其他城市水资源承载力均不及 2017 年。因此，需严格执行水资源承载力刚性约束，深入贯彻"量水而行、以水定发展"的发展思想。以水资源承载力为基础，结合国民经济和社会发展总体目标，制定和完善各类水利规划，按照规划组织开源、实施水利建设，推进水利与经济、社会、环境的协调发展。

2. 加强技术性节水投入，增强水资源可持续利用能力

河西地区农业生产的节水潜力较大。农业是第一大用水部门，尽管各城市水资源利用效率已有较大提升，但 2017 年农业灌溉亩均用水量除武威市、张掖市以外均高于甘肃省平均水平，农业节水潜力依然较大。依据最严格的水资源管理指标规划对 2030 年农田灌溉水有效利用系数的要求，在保持农田面积不扩大的前提下，灌溉用水 2030 年将节水 10.77% ~ 15.38%。若适当压缩灌溉农业耕作比例，还可减少一部分农业用水。目前河西地区喷滴灌方式节水效果最好，但由于成本高昂导致面积最小。如果在河西五地市普及以色列喷灌技术（亩均灌溉用水 360 m³），把农业节水从以往渠道防渗为主提升到以喷滴灌和微灌为主，河西五地市年农田灌溉用水总量可从 59 亿 m³ 降低至 41 亿 m³，仅农业节水就可达到 18 亿 m³。建议在面向"一带一路"国际市场和国内高端市场的有机附加值农产品方面先打造一批示范工程，如有机蔬菜、瓜果和花卉等，中远期逐步推广。通过技术型节水逐步提高区域水资源使用效率，并为二、三产预留发展所需的水资源。

3. 加快二、三产发展，提升水资源利用效率

合理发展二、三产将提升河西地区水资源经济效益。按照河西五地市工业用水控制规划目标及三产现状用水效率，若将缩减 1 万亩农田的灌溉用水用于发展二、三产，2030 年二产经济增长量将占 2017 年全年二产总值的 2.07% ~ 14.42%；若将缩减 1 万亩农田的灌溉用水用于发展三产，2030 年三产经济增长量将占 2017 年全年三产总值的 8.69% ~ 101.90%。因此，不仅要调整农产品结构，将农业生产结构由单一的种植业向农林牧副渔业全面发展转变，种植业内部由"粮食 – 经济作物"的二元结构向"粮食 – 经济 – 饲料作物"的三元结构转变，农村产业结构由单一农业向农业综合发展方向转变，提高节水技术及缩减耕地，还要将农业用水转换至二、三产。二产在发展新能源、医药化工和智能制造等绿色低耗水产业时，对耗水高的产业采取有条件的弹性限制。三产在生态旅游、商饮物资业及通道物流业领域具有发展潜力。

4. 加强水资源综合管理，提升区域水土资源承载力

地表 – 地下水联合调度可以提供稳定的可供水量并控制地下水位，从而减少干旱区水资源的时空差异。目前地表水地下水的联合调度大多停留在零星的基础上，需结合每个地区的特点，按照科学、统一的规划，实行全面的综合调度，开发综合水循环过程和生态安全的集成模型及联合调度信息与管理模式，科学评估丰枯年份流域水资源变化及调控途径。应更合理地利用现有的水资源和水利工程，进一步向弃水、蒸发夺取可观的水量，使之转化成可供利用的水资源，争取实现"细水长流"方式，促进地表 – 地下水相互转换，提高水资源重复利用率，并进行地下水系统更新和利用强度分区，制定区域、季节和年际地下水人工回补制度，实现地下水采补平衡。

5. 强化内陆河流域污染治理，促进区域水资源可持续利用

加强内陆河水污染防治，保持良好水环境，是关乎河西地区可持续发展和维护西北乃至我国东中部地区生态安全的重要保障。从 2017 年河西五地市主要地表河流水质情况来看，水质总体较好，但部分河流氨氮、总磷超标较多，未来随着区域经济发展，尤其是二、三产发展，水资源污染防治形势严峻。需要严格执行《水污染防治行动计划》，狠抓工业污染防治，强化城镇生活污染治理，推进农业农村污染防治，严格环境执法监管，加强水环境管理，严格控制新上高耗水项目和高污染排放项目，全力保障水生态环境安全，积极实施高效节水战略，维护区域水循环平衡，保护河西地区自然生态环境。

中　篇

祁连山 – 河西地区产业高质量发展路径研究

第五章 高品质农业发展路径

一、河西地区发展高品质农业的自然条件

根据甘肃省"现代丝路寒旱农业"发展的战略布局，河西地区的农业发展可充分利用其特殊的区位条件与独特的自然条件，以发展循环、绿色、生态农业为先导，以开发高品质的有机食品、有机产品及有机农业为龙头，带动和促进河西及甘肃省农业的全面升级。在甘肃河西地区发展高品质的现代丝路寒旱农业，具有战略选择的必然性，同时甘肃河西地区也有发展高品质农业的资源优势。

（一）水资源优势

河西地区发展高品质农业的水源充足。河西走廊气候干旱，许多地方年降水量不足 200 mm，但祁连山冰雪融水丰富，灌溉农业发达。祁连山孕育的三大内陆河水系为发展节水高效现代农业提供了保障。

（二）土地资源优势

1. 地形平坦

在河西走廊山地的周围有相互毗连的山前倾斜平原，河流下游还分布着冲积平原。这些地区地势平坦、土质肥沃、引水灌溉条件好，是河西走廊绿洲的主要分布地区。

2. 土壤肥沃

河西走廊的耕地主要分布在山前平原上，长期耕作灌溉条件下形成厚达 1 m、有机质含量高及土壤肥力高的土层，为发展农业提供了优越的条件。河西地区耕地灌溉率远高于甘肃其他地区，又集中连片，土地规模化、现代化经营和机械化耕作条件优越。

（三）气候优势

1. 光照充足、温差大

当地云量稀少，日照时间较长，全年日照可达 2550～3500h，光照资源丰富，对农作物的生长发育十分有利。

2. 寒冷干旱、病虫害少

河西地区具有寒冷干旱的气候特点，成为农业发展中使用非化学手段防治农业病虫害的天然优势。

（四）环境优势

河西地区发展高质量农业的环境优势体现在以下几个方面。

1. 集中连片、高产稳产的高质量农田

从区域上来看，甘肃的高质量农田集中在河西地区，具有集中连片、设施配套和高产稳产的特点，与现代农业生产和经营方式相适应，具备发展现代丝路寒旱农业的基本农田保障。

2. 生态良好、抗灾能力强

通过对甘肃省河西地区 2017 年农业受灾面积与成灾面积的数据分析可以发现，嘉峪关市、金昌市、酒泉市和武威市的受灾面积与成灾面积在全省最小。这表明一方面河西地区整体的农业灾害少、受灾面积小，另一方面河西地区农业整体的抗灾能力强。

3. 农业绿色发展总体水平全省最高

1）农业生态环境系统。河西五地市的有效灌溉面积比例、中低产田面积比例两个指标均处于省内较好层次；森林覆盖率普遍较高，即使是金昌市也有较好的都市型农业，并有较高的绿化程度。

2）农业资源利用系统。嘉峪关市、酒泉市、武威市、张掖市、甘南藏族自治州（下简称甘南州）和金昌市的土地生产效率在全省最高。嘉峪关市、酒泉市、武威市、金昌市和张掖市的节水灌溉面积比例在省内也处于较高水平。

3）社会经济发展系统。嘉峪关市和酒泉市社会经济发展处于较高层次，金

昌市、张掖市和武威市在全省也处于中间水平。

综上所述，河西走廊尽管地处干旱荒漠区，但由于具有良好的水源条件、土壤及地形条件、气象气候条件及环境资源优势，所以形成了生产效率很高的绿洲农业，具有发展高品质农业的优越自然条件和良好环境基础，是全球农业发展中自然条件组合独一无二的区域。

（五）技术条件

高品质农业是先进农业劳动工具及技术的结合，是现代农业的生态化、清洁化生产的技术条件与基础。河西地区在多年的发展中已经形成了较好的农业技术条件，如保护地耕作制度、免耕技术、科学轮作、高产抗逆品种选育、农业机械应用、农田灌溉综合病虫草害防治技术、农业生产标准化技术推广、立体农业、生态农业和循环农业等现代农业模式的应用，生物有机肥料、生物农药的开发与利用，已经使得河西地区有机农业生产维持在较高的产量水平，劳动生产率处于全省较高水平。

河西地区有效灌溉面积占播种面积的比例在全省最高，其面积比例依次是酒泉市（85.16%），金昌市（76.34%），武威市（72.65%），张掖市（69.0%），嘉峪关市（42.39%）。

二、河西地区发展高品质农业的产业基础

（一）产业概况

1. 种植业

2017 年，河西地区的武威市、酒泉市和张掖市的农牧渔业总产值分别居全省第一、第三、第四的位次，金昌市与嘉峪关市的农业产业绝对数值在全省较小（图 5-1）。通过对农业产业结构的分析可以看出，河西五地市中，种植业的比例最大，其中种植业比例最小的是武威市，占比为 53.6%，嘉峪关市的种植业比例最高，达 78.7%。

对 2011 ~ 2017 年河西五地市农牧渔业总产值的变化进行分析，五地市的农牧渔业总产值在 2011 ~ 2016 年呈现不断增长的趋势，但在 2017 年出现了下降。2011 ~ 2017 年，武威市的种植业总产值在河西五地市中一直居于首位，同样其种植业的产值在 2017 年也出现了下降。

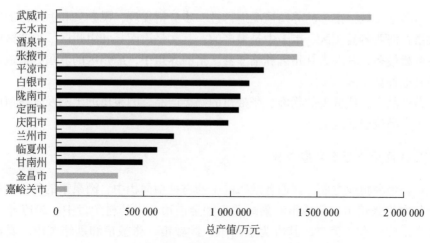

图 5-1 2017 年甘肃河西地区各市（州）农牧渔业总产值

临夏回族自治州，简称临夏州，下同

种植业中，根据 2017 年的数据，河西五地市中金昌市的粮食作物种植面积最广，其次为张掖市、武威市、酒泉市和嘉峪关市；棉花种植目前仅分布在酒泉市；其他种植类型有油料作物（依次为酒泉市、张掖市、武威市、金昌市和嘉峪关市）、中药材、蔬菜与瓜果。

2. 畜牧业

通过对 2017 年畜牧业饲养情况的分析可知，武威地区羊存栏数在河西地区位居首位；张掖市的大牲畜存栏达到 53.5 万只，武威市的大牲畜存栏为 53.05 万只，为大牲畜存栏最多的两个地区。猪的养殖以武威市的数量最多（图 5-2）。

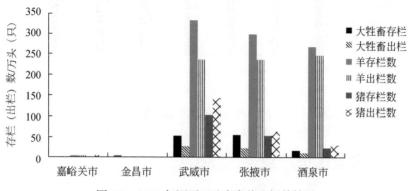

图 5-2 2017 年河西五地市畜牧业饲养情况

对各县（区、市）的养殖情况进行进一步分析发现，民勤县和凉州区的羊存栏数量在河西各县（区、市）中是最多的，其次是肃南县和肃州区。凉州区的牛存栏数量最多，其次为甘州区和临泽县。猪的养殖中，凉州区的养殖数量遥遥领先于其他各县（区、市）。

畜产品中，武威市的猪肉、张掖市的奶类产品、酒泉市的羊肉及张掖市的绵羊毛等产品位居各地之首。

3.特色产业与农业服务业

在特色种植业方面，河西各地市的中药材种植面积中，酒泉市的种植面积最大，其次为张掖市、武威市、嘉峪关市和金昌市。中药材产量中，2017 年酒泉市的产量位居全省第二，其次为金昌市、武威市、张掖市和嘉峪关市。具体到各县（区、市），除肃北县以外，其他各县（区、市）均有中药材种植，产量最大的是民乐县，其次为瓜州县、天祝县和玉门市。

林业产值中，武威市的林业总产值在河西地区最高，其次为酒泉市、张掖市和金昌市。2011 ~ 2017 年，武威市和金昌市的林业总产值呈现不断增长的趋势，酒泉市和张掖市在 2017 年出现下降。

农业服务业的发展中，酒泉市的农业服务业总产值在河西地区最高，其次为张掖市、武威市、金昌市和嘉峪关市（图 5-3）。

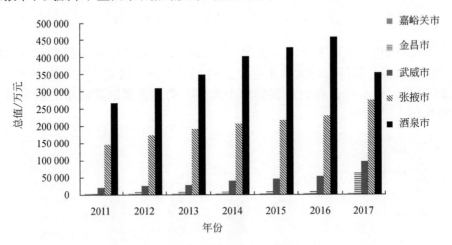

图 5-3　2011 ~ 2017 年河西五地市农业服务业总产值变化

（二）农业优势产业

发展优势农业，有利于降低生产成本、提高农产品品质，有利于节约劳动成本和物化成本，有利于做大做强品牌，形成出口能力与外向优势。

1. 制种业

张掖市的玉米种植面积在甘肃省最大，其中绝大部分为种用玉米，2017年甘州区和凉州区的制种玉米产量分别为90万t与67万t，是河西地区制种玉米产量最高的地区。

同时，河西地区的其他种用植物种子，如蔬菜、豆类、甜瓜、葵花等种子在出口中也都占有较大优势。

2. 蔬菜

河西地区蔬菜生产主要是以日光温室为代表的设施蔬菜及露地高原夏菜的生产，目前该区域设施蔬菜的种植面积达到80万亩以上，高原夏菜种植面积达到100万亩以上，年产优质蔬菜超过300万t，是我国西菜东运的重要基地。凉州区、肃州区、民勤县和金塔县是河西蔬菜种植大县（区）。其中，金塔县辣椒与番茄已形成规模，成为该地朝阳产业。嘉峪关市是优质洋葱产地。

3. 荒漠药材

主要中药材品种有枸杞、肉苁蓉、锁阳、麻黄草、甘草和板蓝根等十多种，种植面积近50万亩。国家中药材发展规划中已经把甘肃河西地区列为荒漠药材资源保护抚育生产基地。

4. 优质瓜果业

瓜州县和民勤县是中国白兰瓜生产基地，敦煌是西北最大的鲜食葡萄基地。河西走廊还盛产西瓜、梨、杏、枣、李、苹果等优质水果。

5. 肉牛肉羊

河西地区牛肉与羊肉产量在全省名列前茅，尤其是酒泉市、张掖市和武威市的羊肉产量，2017年居全省前三。其中，"山丹羊肉"成功入围"甘味"知名农产品区域公用品牌"好中优"名录，成功入选农业农村部首次认定的中国农业品牌目录2019农产品区域公用品牌。民勤县被中国食品工业协会誉为"中国肉羊之乡"。凉州牛肉品质优良，被指定为中国航天员牛肉专用基地。

6. 酿酒葡萄与酿酒原料

1）酿酒葡萄。河西走廊是全国酿酒葡萄的主产区之一，也是甘肃省葡萄产量最大的地区，2017 年敦煌市的葡萄产量达到了 14.4 万 t，为河西之首。目前，酿酒葡萄种植面积达到 40 万亩以上，位居全国第四位；但是，2013 ～ 2017 年，河西地区的葡萄产量波动较大。

2）啤酒大麦。甘肃是全国啤酒大麦和麦芽最大调出省份，同时也是国内啤酒大麦良种的最大调出省份。河西地区自然条件有利于优质啤酒大麦生长发育，所产啤麦不仅单产高，而且酿造品质优良，甘肃省因此成为国家优质啤酒原料生产基地，啤酒大麦生产已成为甘肃省河西及沿黄灌区特色优势产业之一。

（三）横向比较及产业短板

通过横向比较，分析河西农业发展中存在的短板。在横向比较分析中，以农业发达省份山东省的部分数据为主进行对比，部分数据用甘肃省整体情况来间接说明甘肃河西地区的情况。

1. 主体短板

种养大户与家庭农场少。发展新型农业经营主体对于河西农业转型升级具有重要的推动作用。甘肃省广大农村地区的农业生产仍然以家庭为单位。截至 2017 年年底，甘肃省土地经营面积在 1 hm² 以下的小规模农户占农户总数的 79.62%，而土地经营面积在 2 hm² 以下的农户则占到农户总数的近 90%。

截至 2018 年年底，全国纳入农业农村部门名录的家庭农场近 60 万家，经营土地面积为 1.6 亿亩。截至 2017 年年底，甘肃省家庭农场总数为 8115 家（表 5-1），与山东省 2018 年家庭农场总数（6.79 万家）相比，尚存在巨大差距。

表 5-1　2017 年甘肃省家庭农场发展状况

家庭农场形式	数量 / 家	经营土地面积情况	数量 / 家	经营收入情况	数量 / 家
种植业	4610	50 亩以下	1893	10 万元以下	2186
养殖业	2143	50 ～ 100 亩	2577	11 万 ～ 50 万元	4408
种养结合	1202	100 ～ 500 亩	2873	51 万 ～ 100 万元	1175
其他	160	500 亩以上	772	100 万元以上	346
合计	8115	合计	8115	合计	8115

龙头企业少，尤其是国家重点龙头企业少。第八次监测合格的农业产业化国家重点龙头企业共 1095 家，其中甘肃省只有 25 家企业上榜，与农产品出口大省

山东省（83家）相比，数量明显不足。省级农业龙头企业数量少。甘肃省涉农龙头企业总数从2007年的1420家增加至2017年的3356家（表5-2），但与山东省龙头企业总数（9600家）相比，尚存在巨大差距，销售收入亿元以上龙头企业占总数比例小（表5-3）。

表5-2 2007～2017年甘肃省涉农龙头企业发展情况

龙头企业	2007年	2008年	2009年	2010年	2011年	2012年	2013年	2014年	2015年	2016年	2017年
国家重点/家	18	20	22	22	28	28	28	28	29	29	30
省级重点/家	251	259	264	255	291	291	366	447	452	463	478
总数/家	1420	1635	1738	1809	2138	2286	2535	2785	2984	3120	3356

表5-3 2007～2017年甘肃省涉农龙头企业销售收入情况

龙头企业	2007年	2008年	2009年	2010年	2011年	2012年	2013年	2014年	2015年	2016年	2017年
销售收入1亿元以上的企业/家	29	35	42	47	58	70	85	96	107	118	132
销售收入1亿元以上企业占龙头企业总数比例/%	2.04	2.14	2.42	2.60	2.71	3.06	3.35	3.45	3.59	3.78	3.93
销售收入500万元以上的企业/家	544	623	775	886	1029	957	1238	1450	1782	1953	2206
销售收入500万元以上的企业占龙头企业总数比例/%	38.31	38.10	44.59	48.98	48.13	41.86	48.84	52.06	59.72	62.60	65.73
龙头企业总数/家	1420	1635	1738	1809	2138	2286	2535	2785	2984	3120	3356

农民素质有待提高。当前甘肃省农民综合素质依然偏低，现有乡村从业人员中，初中以下文化程度的人数约占总数的60%，有文化、有技能的青壮年农民大部分外出务工，日光温室生产以老年人和妇女为主，新技术、新装备接受能力较弱，科技成果转化普及率偏低。

农民合作组织发展不健全。2017年，甘肃省农民合作组织有87 615家（表5-4），而且在发展中，一些合作社组织机构不健全、运行机制不完善、规范化程度低、有名无实及流于形式；一些合作社组织规模小、盈利水平低、与产业关联度不高、服务带动作用不强及持续发展能力弱，制约了农民合作社功能作用的充分发挥。

表 5-4　2007～2017 年甘肃省农民合作组织发展状况

农民合作组织	2007 年	2008 年	2009 年	2010 年	2011 年	2012 年	2013 年	2014 年	2015 年	2016 年	2017 年
数量/家	408	1 298	2 423	4 802	9 642	15 215	29 395	43 386	57 002	71 822	87 615
年增长率/%	—	218.14	86.67	98.18	100.79	57.80	92.96	47.78	31.38	26.00	21.99
参加的成员农户数/万户	32	39	44	53	68	79	91	114	123	159	197
带动的非成员农户数/万户	89	146	187	229	257	281	324	361	392	448	568

农业社会服务有待完善。根据前文对农业服务业的分析可知，河西地区除酒泉市以外，其他各地的农业服务业占农业总产值的比例较低，而山东省的农业社会服务组织达到了 22 万家。

2. 生产短板

农业规模化生产占比小。新型经营主体的缺失，是农业规模化生产占比过小的原因之一。同时家庭农场的涌现，成为规模化经营的生力军。根据 2017 年认定的甘肃首批省级示范家庭农场数量，河西地区省级示范家庭农场数量达到 91 家，但与其他发达省份比较，仍存在巨大的差距。

龙头企业规模化生产带动能力弱。企业加工、储藏、运输、销售等相关产业链尚不健全，市场营销服务能力总体较弱，造成产销衔接不紧密，流通渠道不通畅，产品价格难以保障，在市场交易中始终处于被动和从属的地位，难以摆脱"家家种菜，人人卖菜"的小农经营格局，小生产与大市场之间的矛盾仍然突出。例如，酒泉市截至 2017 年全市注册农民专业合作社 3578 家，看似数量多，但很少实质性运转，大部分农民专业合作组织结构松散、融资难度大、服务功能弱、协作水平低及带动能力不强，目前仍缺乏能够为农民提供产供销全方位服务的组织。

3. 质量与品质短板

目前，河西地区农业仍处于传统农业向现代农业转变的进程中，虽然农产品供给数量上得到了极大的提升，但是总体质量不高。具体体现在以下几个方面：一是农产品品种多而杂，低端农产品有余，高端农产品不足；二是农业总体体量大，但是产业结构不合理，产业链条短，产业融合度低，附加值不高，缺乏市场竞争力；三是缺乏品牌的培育和保护，导致品牌多但是不亮，市场营销力小；四是农业生产方式粗放，资源利用率低，对生态环境造成了极大的破坏。

通过出口数据分析发现，甘肃省特色农产品整体上来讲，在出口市场中的竞争力极弱。牛肉、羊肉、种用玉米和种用马铃薯的出口情况在全国并不占优势。2018年，在种用玉米与种用马铃薯的出口中，甘肃省没有产生一笔交易。这从侧面反映了竞争力弱和龙头企业少的问题。

4.加工与品牌短板

1）农业产业链短，农产品附加值低。在祁连山生态保护治理农业发展用地缩减的状况下，延长产业链、增加农产品附加值是农业发展的突破口。

2）农产品品牌缺乏与知识产权品牌短缺。以优势产业中的知识产权品牌短缺为例，河西走廊已成为全国最大的杂交玉米制种基地、全国最大的花卉制种基地和全国重要的蔬菜瓜果制种基地，虽然目前甘肃省在制种扩繁、推广上是"长腿"，但在种子研发方面却是"短腿"，具有自主知识产权的品牌种子企业很少，而且河西地区80%的玉米制种企业没有核心竞争力，都是通过购买别人的品牌籽种，赚取微薄的"加工费"，无权、无缘介入研发利润和市场销售的终端利润。

三、河西地区高品质农业发展思路、定位与布局

（一）发展思路

以高质量农业发展为出发点，以高效益农业生产为着力点，以高品质农产品供给为落脚点，通过农业体制机制创新与技术创新，不断放大强化寒区旱区蕴藏的绿色有机特质，将"独一份""特别特""好中优""错峰头"的农产品资源优势转化为农业产业外向型发展的产品优势，借助数字化技术的全产业链应用，引领带动河西地区农业的现代化、绿色化、产业化和高值化发展，打造"好生态、好品质、好享受"的高价值农产品服务体系，打响具有甘肃特色的"现代丝路寒旱农业"品牌。

（二）发展定位

1.紧盯"一带一路"市场，发展丝路外向型农业

充分发挥甘肃省与丝路沿线地区农业交往历史悠久、通道枢纽功能明显的独

特优势，借助数字物流打造国家级外向型农业示范区。

2. 紧盯东部发达地区市场，发展寒旱特色农业

河西地区应充分发挥其光照充足、温差大、部分地区寒冷干旱的地域与自然条件优势，大力发展特色种植与养殖，包括特色林果与水果、草业与草食畜、制种业、菌菇、藜麦等的种植养殖，以及相关农产品加工业。

3. 紧盯周边城市消费群体，大力发展旅游休闲农业

与河西地区灿烂的文化相结合，发展农旅产业。在本地进行产品的终端消费，产品多元化。充分发挥著名中药材种植基地优势，建立中医药示范园区，与休闲养生和大健康产业相结合，大力发展旅游休闲农业。

4. 着眼未来综合竞争力提升，加快发展智慧农业

在先进信息技术的带动下，通过打通农业产业链，让农民在整个发展过程中受益。利用物联网技术，实现智能灌溉、智能施肥、智能喷药等，有利于降低农业生产成本，提高效率，保护农村生态环境。

（三）农业布局

根据河西地区优势产业发展及农业发展的定位，各地发展的重点分别如下。

酒泉市：按照集中布局、连片建设、规模发展的思路，以已经建成并形成规模效益的戈壁农业片区为重点建设区域，集中连片整体推进，产业化集群发展，发挥龙头企业、合作社等农业新型经营主体投资发展戈壁农业主力军作用。

张掖市：按照高产、优质、高效、生态、安全的要求，充分发挥区域比较优势，因地制宜科学规划布局，以示范区建设为引领，重点发展精细蔬菜、食用菌和设施林果等主导产业。

武威市：戈壁日光温室重点发展反季节蔬菜，大力发展人参果、西甜瓜，稳步发展果品和食用菌；钢架塑料大棚重点进行蔬菜春提前、秋延后生产。

金昌市：同时开展有机蔬菜、花卉、林果苗木、蔬菜苗的种植和培育，有机肥的加工和销售。养殖业以喂养山羊、肉羊和禽类为主。

嘉峪关市：引进和鼓励资金实力雄厚、具有较强发展潜力的私营企业与经营大户入驻园区，充分发挥"旅游＋农业"的产业融合发展优势，积极发展乡村旅游。

（四）发展目标

2021～2025 年阶段：特色农产品产业化整体发展方向和重点由生产阶段向加工和出口转化，50% 以上的农业具有出口能力；实现土地适度规模经营，60%以上的耕地实现集中流转；大中型农业生产、加工和经营公司发展实现突破性变化，企业主导型发展模式基本形成；绿洲农业技术创新水平大幅提高，推进农业生产园区化、企业化、循环化和产业化。

2026～2030 年阶段：特色农产品产业化整体发展方向和重点以加工和出口为主，80% 以上的农业具有出口能力；耕地完全实现集中流转，并由种养大户、家庭农场和龙头企业进行规模经营；实现企业主导的生产、加工模式；推进农业与信息产业融合，发展绿洲数字农业、智慧农业。

四、河西地区高品质农业发展重点任务

（一）高质生产

1. 实施国家农业安全生产标准

升级完善地方安全标准，严格遵照并执行国家级的安全生产标准，特别是河西地区的特色、外向型农产品，如蔬菜、草食畜和中药材等。

2. 建设标准化生产示范基地

支持和鼓励中小规模的经营主体改善基础设施条件，建设国家级农产品标准化生产示范基地，并将农业标准化、农业产业化、农产品优势区域布局、农产品质量安全管理和生态环境保护等工作结合起来，以现代农业示范区、特色农产品优势区和农产品质量安全县等基地为重点，探索应用智慧农业技术，建设绿色标准化特色农产品种养基地。

（二）高值加工

1. 延长产业链

力争"十四五"期间农产品加工业产值与农业总产值之比达到 3∶1，主要农产品加工转化率（初加工以上）达到 70% 以上，做大做强一批农产品加工示范企业和国际竞争力较强的出口企业，培育年销售额 10 亿元以上的龙头企业。

2. 推动加工业转型

通过创建农产品加工园区和特色农产品种养基地等，提升园区集聚能力，推动农产品加工业转型升级。形成"资源—加工—产品—资源"的循环发展模式。

（三）高效出口

1. 扩大外向产品市场

发挥物流节点优势，将河西地区的蔬菜、种子等特色优势产品利用陆海贸易新通道拓展市场。

由省市统一规划注册区域性蔬菜集体商标，使特色农产品销售逐步走向以品质、品牌开拓市场的道路。

2. 强化信息服务功能

继续加大外贸出口基地建设。继续加大河西种子出口外贸基地及肃州区国家级出口食品农产品质量安全示范区、凉州区国家级出口甜（糯）玉米及芦笋质量安全示范区的建设，加强人才培训、信息服务等方面的支持。政府层面加大与"一带一路"合作伙伴的经贸合作。

（四）高端引领

1. 寒旱农业示范

使河西农业成为甘肃、西北乃至全球干旱地区绿洲农业发展的示范区。

大力发展高效节水农业。加大与以色列的合作，采用先进技术发展节水农业。发展节水灌溉要与保护生态相结合，加大抗旱作物品种的选育。注重节水管理技术的应用。

加大寒旱区特色优势农产品的种植。加大天祝藜麦、特色藏药等寒区作物与药材的种植，加大肉苁蓉、锁阳、麻黄草、沙蓬米等特色干旱荒漠药材、保健品的种植与各种功能产品开发及加工，加大相关产品的出口。

继续加强土地荒漠化防治，增强农业水源涵养能力。

2. 旅游农业示范

充分发挥河西地区地处丝绸之路经济带重要地段的优势，坚持经济价值、社会价值、文化价值和生态价值齐抓共进，大力发展以生态农业为本、人文历史为魂、戈壁绿洲为韵的乡村旅游，推进乡村观光旅游向乡村休闲度假和生活体验转型升级，打造西部地区重要的农文旅一体化旅游品牌及示范区域。

大力推广生态农业示范园建设。积极开发更加多样化的生态农业观光体验旅游产品；大力开发研修型旅游产品。

3. 智慧农业示范

通过率先示范，使河西农业成为甘肃、西北乃至全球干旱地区智慧农业及气候智慧农业发展的示范区，将河西地区建设成为干旱半干旱地区农业科技创新推广核心区，成为新时代乡村振兴、特色现代农业发展引领示范区，建成具有国际影响力的现代农业创新高地、人才高地和产业高地。

五、河西地区农业高品质发展的措施

（一）完善政策与规划

1. 制定丝路寒旱农业规划

研究制定河西地区现代丝路寒旱农业发展规划。科学拟定支持政策和工作计划，谋划提出重大工程和推进方案，不断完善河西农业发展扶持政策体系。

2. 提高农业规模效益

积极引导大型龙头企业、农民合作社等主体进行规模化、集约化开发，并通过利益联结机制让农民最大限度参与、最大限度受益。一是要统一规划，坚持集中连片发展；二是引进龙头企业，带动规模发展，加大招商引资力度；三是大力培育新型经营主体。

（二）培育创新主体

1. 发挥创新主体作用

要健全利益分配机制，给予创新参与主体足够的补偿，同时，建立和完善创新主体内部良好的协同文化、开拓创新的企业家精神和有效的制度体系。

2. 培育新型经营主体

培育新型经营主体，发展适度规模经营。适度规模的确定既要有利于发展现代农业，又要考虑到不同的规模目标所释放的社会效益，要结合河西地区具体情况和各地区土地规模的实际确定适度规模，在现实生活中要避免追求过大规模的倾向。发展适度规模经营需要与之相适应的新型经营主体。

3. 促进龙头企业发展

鼓励更多企业参与农业生产，为农业产业化龙头企业搭建平台。

（三）加大科技支撑

1. 完善科技创新体制机制

坚持科技在戈壁农业发展中的主导地位，以科技集成创新，支撑和保障戈壁农业高效发展。一是规范温室大棚建造标准；二是抓好新技术研究与应用；三是加强农业技术服务与培训。

2. 完善科技研发推广工作

逐步建立包括农业科技创新、技术推广和农业教育培训在内的技术支撑体系，促进快出成果、多出成果，加速成果转化。

（四）补齐相关短板

1. 标准化生产短板

根据市场需求，突出比较优势，按照"一县一品""一乡一品"的思路，建立集中连片规模化生产基地，组织进行专业化、特色化、标准化生产，实现市场有需求、我们有产品，建立长期稳定的产销关系。

2. 绿色高效品牌短板

以龙头企业为主体，在大中型城市建立甘肃河西戈壁品牌农产品直销配送中心，规范产品包装标识，将河西"独一份""好中优""优中特"的优势全面展现出来。扩大培育"甘味"知名农产品品牌。继续申报创建"中国特色农产品优势区"。

第六章 | 现代工业发展路径

一、河西地区现代工业发展现状

（一）河西地区资源概况

资源是河西地区立地之本，工业是河西地区发展之源。区域内矿产种类比较齐全，有色金属和贵金属资源优势明显，矿产资源分布相对集中，已查明资源储量名列全国第一位的矿产有镍、钴、铂、钯、锇、铱和铑等。从资源储量来看，甘肃省石油89%集中在长庆油田，铁矿石90%集中在张掖市、酒泉市和甘南州3个市（州），镍、铂族99%和铜74%、钴92%集中在金昌市，钨99%集中在张掖市和酒泉市2个市（表6-1）。

表 6-1　甘肃河西地区优势资源储量全国排位表

位次	矿产名称
1	镍矿、钴矿、铂矿、钯矿、锇矿、铱矿、铑矿、硒矿
2	金矿、钌矿、碲矿、铬矿，普通萤石（矿石）
5	钨矿
9	铜矿、油页岩、银矿

注：数据来源于2017年全国矿产资源储量通报全国占比排名表

（二）河西地区现代工业主要政策及规划

甘肃省涉及河西地区现代工业的政策规划围绕"创新、协调、绿色、开放、共享"展开，在工业经济保持平稳增长的前提下，重点致力于转型升级传统产业并延长产业链，大力实施工业污染治理和环境改善措施，不断促进清洁生产水平提升和绿色制造水平提高，坚持工业绿色发展及其体系完善，先后出台的《甘肃省工业绿色发展"十三五"规划》《甘肃省矿产资源总体规划（2016—2020年）》

《甘肃省"十三五"工业转型升级规划》等相关政策文件中对河西地区工业发展都作出了很好的规划设计与安排。

（三）河西地区现代工业发展情况

河西地区工业总体上呈下降趋势，根本原因是缺乏核心竞争力。2012年以来甘肃河西地区工业增加值总体上呈下降趋势，工业占整个地区生产总值的比例大约降了10个百分点。2015年是下降最明显的一年，2018年略有反弹。从产业发展和各区域实际出发分析相关影响因素，主要是绿色发展的基础条件和发展环境制约，包括：①产业结构调整缺乏突破，资源性产业比较明显；②产业链条短，自主创新能力较弱，产品附加值不高，抵御风险能力不强；③产品竞争力有限，出口能力弱；④工业内生动力不足，企业生产经营困难；⑤接续产业基础薄弱，配套能力差；⑥科技创新能力与服务能力不强，科技发展相对滞后；⑦新能源产业问题仍较突出，发展受限。

祁连山环境问题比较严重的2017年，河西地区除武威地区所受影响较大以外，其他地区所受影响有限，其中嘉峪关市的工业增加值相比2016年翻番（图6-1）。

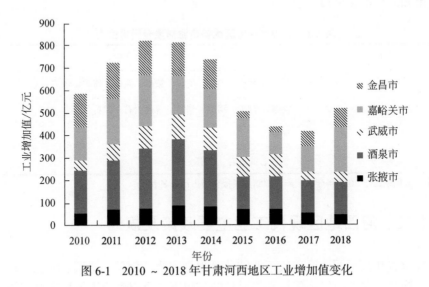

图6-1　2010～2018年甘肃河西地区工业增加值变化

在甘肃河西地区工业生产总值总体上呈下降趋势的情况下，2014～2017年复合增长率为-3.5%，2014～2017年工业占地区生产总值的比例也下降了10%。河西地区工业在地区生产总值中的占比也呈下降趋势，2012～2017年整体上河西地区工业占地区生产总值的比例降低了50%，2018年部分地区略有回升。其中，嘉峪关市工业占比从2012年的79%下降至2017年的25%，酒泉市工业占比从2012年的45%下降至2017年的20%，武威市工业占比从2012年的32%下降至2017年的15%，张掖市工业占比从2012年的26%下降至2017年的14%（图6-2）。

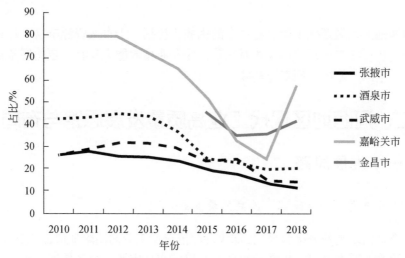

图6-2　2010～2018年甘肃河西地区工业占地区生产总值（GDP）比例变化

通过统计分析甘肃河西地区工业发展现状，有色金属冶炼和压延加工业、黑色金属冶炼和压延加工业、电力、石化、采矿、农产品深加工等是区域内的优势工业（图6-3）。

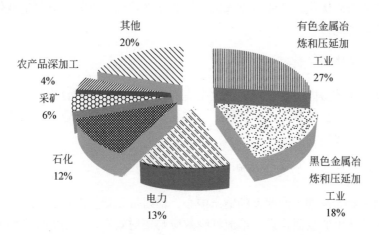

图6-3　甘肃河西地区优势工业（据2018年统计数据）

甘肃河西地区现有国家级开发区 3 个（2020 年 1 月酒泉经济开发区已被撤销），省级开发区 17 个，主要产业涉及有色金属、化工、装备制造、农产品深加工、生物制药和建材等。

（四）甘肃河西地区现代工业发展优势

河西地区发展现代工业具有一定的优势，包括：①自然资源丰富，具有一定的品牌优势；②工业制造体系相对完备；③专业技术能力具有一定的储备基础；④具有一定的产业链、创新链基础。

二、河西地区现代工业高质量发展思路与布局

（一）发展思路

1. "供给侧结构性改革"的高质量发展

以全球需求消费升级为导向，加快资源依赖型工业向高附加值加工产业转变，通过加快产业要素升级、生产性服务业补强、产品市场外向型拓展，培育产业新动能与区域经济新增长点。

2. "制造业创新"的高质量发展

以建设现代化制造业体系为目标，通过产业结构调整、产业链完善、智能化改造、产业布局优化、节能减排部署和配套体系建设，有效提升制造业体系的竞争实力和赢利能力。

3. "区域协同"的高质量发展

围绕产业链协同组建区域产业生态集群，借助产业链融合构建开放协同产业生态圈，通过错位发展、产业互补、一体化布局、跨区域产业集聚区建设，实现区域间的良性协作。

4. "三产融合"的高质量发展

以制造业为高端生产要素的输出中心，辐射带动智慧农业、现代金融、现代物流和智慧城市的全面建设，形成虹吸效应与辐射效应，带动农业和服务业的全面升级。

（二）阶段性目标

发展目标：到 2025 年，形成有色（镍钴铜铂族金属）新材料、能源及其装备制造、资源循环利用、特色农产品深加工为主体的核心高端产业集群，建成镍钴新材料、铜及深加工材料、铝及深加工材料、资源循环利用、特色农产品深加工、特色中藏药深加工等优势资源工业产业园区及产业生态圈，形成政产学研产业创新体系基本完整，创新人才队伍基本稳定，现代工业增加值占 GDP 的比例明显提高，出口创汇能力明显提升，现代工业产业体系基本形成，生态经济对经济社会发展的贡献率显著提高的河西地区特色工业体系。通过高水平实施"强链、组群和建圈"行动计划，建成创新链畅通、产业链完整、供应链互通、价值链共创、资金链多样、产业间高效融通和企业间广泛协作的现代工业生态体系，最终形成"创新、协调、绿色、开放、共享"的新型现代工业经济发展模式。

（三）发展理念

1.升级制造业价值理念，加快改造和提升传统产业

以"生产模式升级"和"生产要素升级"为抓手，持续加大河西地区企业技术改造力度，提升信息化和智能化应用的广度与深度；整合行业内资源，探索与新兴产业合作方式；大力发展准时生产、柔性生产、精益生产和定制化生产等现代生产方式，增强企业适应现代消费模式的能力；通过智能软件和智能平台的开发，实现信息化、智能化和工业化的深度融合；有序发展金融服务业，健全金融市场体系，增强金融服务业能力。

2.完善产业链价值理念，全方位提升各环节位势

密切大中型企业与其他利益体之间的利益关系，促进大中型工商企业联合，通过各种营销网络等方式开展自主营销；推动生产加工环节与品牌营销等环节融合，促进价值链环节位势的提升，打造国内外"知名"品牌；大力应用信息技术促进营销网络体系的建设和完善。

3.坚持生态发展理念，提高可持续发展能力

完善低碳、环保和循环型工业体系；强化污染治理，推动企业废物"零排放"达标；制定和完善相关绿色发展政策，规范企业节能减排行为。

（四）整体框架构建

甘肃河西地区现代工业产业发展框架如图 6-4 所示。

三、河西地区现代工业发展重点任务及行动路径

（一）重点任务一：依托优势产业链培育产业新动能

1. 分链施策，实施一批高水平强链延链项目

实施优势产业强链计划，按照"一链一策、一企一案，宜长则长、宜强则强"的方针，精准实施一批优势产业强链延链项目，在有色冶金、装备制造、新材料和精细化工等产业领域打造上下游纵向关联、横向耦合发展、具有综合竞争力的优势产业链。

2. 对标提升，做强一批产业链龙头骨干企业

实施现代工业龙头企业培育计划，支持研发能力强、经济效益好、发展潜力大和带动作用强的骨干企业，对标世界一流、国内顶尖企业的工艺技术标准、装备水平和管理水平，强化企业对国内外创新资源的整合调用能力，在全球范围内开展创新链和价值链布局，争取掌握产业链主导权和话语权，加快融入全球产业链高端和价值链核心。

3. 分类引导，培育一批"专精特新"中小企业

实施优质中小企业培育提升行动，按照"众创业、个升企、企入规、规转股、扶上市、育龙头、聚集群"的优势产业链培育路线图，根据产业链分工建立分产业、分层次的优质中小企业重点培育库，强化分类指导和培育帮扶，统筹政策链、跟进资金链，"放水养蚌育珠、串珠成链组群"，引导中小企业走"专精特新"的路子，成为优势产业链建设的生力军。

4. 产学互动，推动一批科技成果在区域内产业化

围绕产业链打通创新链、资金链和人才链，加快建立以企业为主体、市场为导向、产学研深度融合的技术创新体系。拴住科技成果产业化这个"金娃娃"，扭住混合所有制改革这个"牛鼻子"，引导区域内外科研成果、民营资本等多种创新要素向企业特别是国资企业集聚。加强区域内核心骨干企业与在甘院所高校

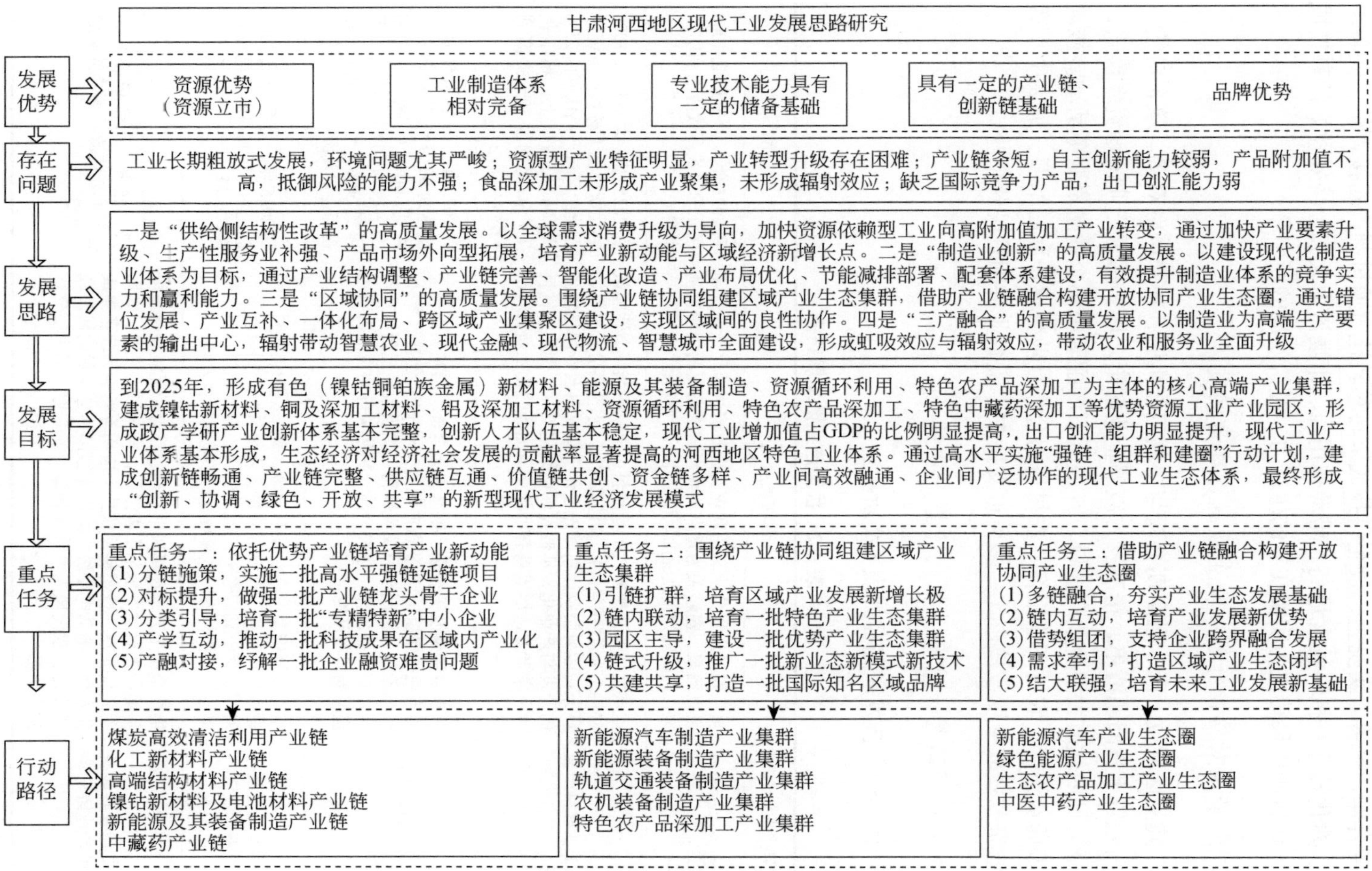
甘肃河西地区现代工业发展思路研究
发展优势
资源优势（资源立市）
工业制造体系相对完备
专业技术能力具有一定的储备基础
具有一定的产业链、创新链基础
品牌优势
存在问题
工业长期粗放式发展，环境问题尤其严峻；资源型产业特征明显，产业转型升级存在困难；产业链条短，自主创新能力较弱，产品附加值不高，抵御风险的能力不强；食品深加工未形成产业聚集，未形成辐射效应；缺乏国际竞争力产品，出口创汇能力弱
发展思路
一是“供给侧结构性改革”的高质量发展。以全球需求消费升级为导向，加快资源依赖型工业向高附加值加工产业转变，通过加快产业要素升级、生产性服务业补强、产品市场外向型拓展，培育产业新动能与区域经济新增长点。二是“制造业创新”的高质量发展。以建设现代化制造业体系为目标，通过产业结构调整、产业链完善、智能化改造、产业布局优化、节能减排部署、配套体系建设，有效提升制造业体系的竞争实力和赢利能力。三是“区域协同”的高质量发展。围绕产业链协同组建区域产业生态集群，借助产业链融合构建开放协同产业生态圈，通过错位发展、产业互补、一体化布局、跨区域产业集聚区建设，实现区域间的良性协作。四是“三产融合”的高质量发展。以制造业为高端生产要素的输出中心，辐射带动智慧农业、现代金融、现代物流、智慧城市全面建设，形成虹吸效应与辐射效应，带动农业和服务业全面升级
发展目标
到2025年，形成有色（镍钴铜铂族金属）新材料、能源及其装备制造、资源循环利用、特色农产品深加工为主体的核心高端产业集群，建成镍钴新材料、铜及深加工材料、铝及深加工材料、资源循环利用、特色农产品深加工、特色中藏药深加工等优势资源工业产业园区，形成政产学研产业创新体系基本完整，创新人才队伍基本稳定，现代工业增加值占GDP的比例明显提高，出口创汇能力明显提升，现代工业产业体系基本形成，生态经济对经济社会发展的贡献率显著提高的河西地区特色工业体系。通过高水平实施“强链、组群和建圈”行动计划，建成创新链畅通、产业链完整、供应链互通、价值链共创、资金链多样、产业间高效融通、企业间广泛协作的现代工业生态体系，最终形成“创新、协调、绿色、开放、共享”的新型现代工业经济发展模式
重点任务
重点任务一：依托优势产业链培育产业新动能
(1)分链施策，实施一批高水平强链延链项目
(2)对标提升，做强一批产业链龙头骨干企业
(3)分类引导，培育一批“专精特新”中小企业
(4)产学互动，推动一批科技成果在区域内产业化
(5)产融对接，纾解一批企业融资难贵问题
重点任务二：围绕产业链协同组建区域产业生态集群
(1)引链扩群，培育区域产业发展新增长极
(2)链内联动，培育一批特色产业生态集群
(3)园区主导，建设一批优势产业生态集群
(4)链式升级，推广一批新业态新模式新技术
(5)共建共享，打造一批国际知名区域品牌
重点任务三：借助产业链融合构建开放协同产业生态圈
(1)多链融合，夯实产业生态发展基础
(2)链内互动，培育产业发展新优势
(3)借势组团，支持企业跨界融合发展
(4)需求牵引，打造区域产业生态闭环
(5)结大联强，培育未来工业发展新基础
行动路径
煤炭高效清洁利用产业链
化工新材料产业链
高端结构材料产业链
镍钴新材料及电池材料产业链
新能源及其装备制造产业链
中藏药产业链
新能源汽车制造产业集群
新能源装备制造产业集群
轨道交通装备制造产业集群
农机装备制造产业集群
特色农产品深加工产业集群
新能源汽车产业生态圈
绿色能源产业生态圈
生态农产品加工产业生态圈
中医中药产业生态圈

图 6-4　甘肃河西地区现代工业产业发展框架

深度合作，完善落实院企、校企科技成果转移转化直通机制，对接评估、储备培育、熟化转化一批科技含量高、带动作用强、市场潜力大和经济效益好的科技成果，让科研成果转化为实实在在的生产力、经济发展的新引擎。

5. 产融对接，纾解一批企业融资难贵问题

建立区域政、产、融定期会商与协调工作机制，加强产融对接、政企对接，列出融资难贵问题清单，精准发力破解企业融资之困。探索产业链融资新模式，围绕区域内优质大型企业产业链，开展上下游配套中小企业融资服务活动。推动城市商业银行、农村商业银行、农村信用合作社业务逐步回归本源，加大中小微企业贷款发放额度考核占比，多渠道支持中小微企业特别是民营企业。

6. 行动路径：培育并壮大优势产业链

优势产业链发展路径如表 6-2 所示。

表 6-2　优势产业链发展路径

优势产业链名称	行动重点	行动目标
煤炭高效清洁利用产业链	重点发展煤炭分质利用和煤炭高效清洁转化产业，建设以酒泉、嘉峪关为重点的煤炭清洁高效利用转化基地，以武威为重点的加氢精细化工产业基地	到 2025 年，力争形成 1000 亿元的煤炭高效清洁利用产业链
化工新材料产业链	重点发展特种橡胶、工程塑料、异氰酸酯、高性能氟材料、功能性膜材料、高性能树脂、水性高分子材料、环保功能树脂及涂料等先进化工新材料及专用化学品的开发与产业化，延伸发展精细化工、新型化工材料等下游产业，形成具有市场竞争优势的化工新材料产业链	到 2025 年，力争形成 1000 亿元新型化工材料产业链，石化中高端产品比例由 25% 提高到 35% 以上，精细化工产品比例由 30% 提高到 45% 以上
高端结构材料产业链	重点发展铜及铜合金、铜基多元合金、铝基和铝合金等有色金属新材料，积极向轨道交通用铝、建筑铝型材、汽车轮毂、铝制车厢及集装箱、铝膜板、铝制换热器等终端产品延伸，建设金昌、嘉峪关为重点的有色金属新材料基地	到 2025 年，力争铜材加工量达到 80 万 t，铝材加工量达到 300 万 t，铜、铝初加工率达到 100%、深加工率达到 60%，形成 1500 亿元铜铝合金及深加工产业链
镍钴新材料及电池材料产业链	重点发展镍基合金、钴基合金、镍钴铜粉体材料、镍钴铜金属盐化工材料等有色金属新材料，积极发展系列四氧化三钴、系列三元前驱体、电池正极材料，带动电池负极材料、电解液材料和隔膜材料发展	到 2025 年，力争形成 1000 亿元的镍钴新材料及电池材料产业链
新能源及其装备制造产业链	加快全国千万千瓦级风电基地、百万千瓦级光伏发电基地和光热发电示范工程建设，推进风力发电、太阳能光伏光热、核燃料及核技术应用等新能源装备集成化发展，推动电子级、太阳能级晶体硅材料的研发和产业化，建设风光电装备制造产业基地和国家核燃料循环基地	到 2025 年，力争形成 1000 亿元的新能源及其装备制造产业链

优势产业链名称	行动重点	行动目标
中藏药产业链	重点打造枸杞、甘草、肉苁蓉、大黄、小茴香、麝香、秦艽、羌活、红景天、冬虫夏草、藏木香等地道汉藏药材全产业链发展模式，创建国家中藏药产业发展综合试验区	到2025年，创建国家中藏药产业发展综合试验区

（二）重点任务二：围绕产业链协同组建区域产业生态集群

1. 引链扩群，培育区域产业发展新增长极

优化河西走廊经济区的工业空间布局和错位发展方向，充分发挥河西走廊清洁能源区位优势、区域内优质工业初产品供应体系优势，依据产业链图谱建设完善招大引强数据库，着力引进一批投资强度大、科技含量高和带动能力强的龙头企业链式进入、集群发展。

2. 链内联动，培育一批特色产业生态集群

依托产业资源集聚、协作配套需求旺盛的产业核心区，发挥龙头骨干企业吸引作用，引导鼓励中小企业特别是民营企业以"专精特新"能力为资本，以"配套专家"角色积极参与大型企业配套合作，围绕产业链协同融入生态集群并纳入集群供应链管理、质量标准管理、合作研发管理，出台政策鼓励链内互相采购和链内金融合作联动。

3. 园区主导，建设一批优势产业生态集群

坚持专业立园、产业兴园，科学确定主导产业，集中力量重点发展，推动特色错位布局和优先发展。按照国家级园区"两主一特"、省级园区"一主两特"的要求，突出主导产业集群的园区支柱地位，注重发挥园区在打造产业生态集群方面的引导服务作用。

4. 链式升级，推广一批新业态新模式新技术

以工业互联网、服务型制造、智能绿色制造等在产业集群配套协同中的链式应用为重点，在区域产业集群发展中大力推广新业态、新模式，构建产业生态平台，推动工业互联网与产业领域深度融合。

5. 共建共享,打造一批国际知名区域品牌

强化品牌意识,鼓励产业生态集群制定区域品牌发展战略,赋予新时代区域品牌新内涵,开展区域品牌策划及多种形式的宣传推广,共同创建提升区域品牌,探索共建共享区域品牌的路径和方式。

6. 行动路径:围绕优势产业链集群化抱团发展

优势产业链集群化抱团发展路径如表6-3所示。

表6-3 优势产业链集群化抱团发展路径

优势产业集群名称	行动重点	行动目标
新能源汽车制造产业集群	依托嘉峪关专用车生产基地、金川锂离子电池材料产业聚集区、金昌市废旧电池资源综合利用产业基地,全力打造整车制造、动力电池、储能电站、汽车零部件、充电设施、废旧电池回收利用的绿色能源全产业链	到2025年,初步建立以骨干企业为主体、品牌产品为支撑的研发、制造、售后服务体系。新能源汽车产业初具规模,主营业务收入达到500亿元以上,年均增长15%以上
新能源装备制造产业集群	依托酒泉市、武威市新能源装备产业基地,重点发展风电装备、光伏发电装备、光热发电装备、核电配套设备和生物质能装备,围绕行业龙头企业培育产业配套体系,提高关键零部件省内配套率,形成酒泉市、武威市等地新能源装备产业化基地	到2025年,新能源装备制造业完成总产值500亿元,年均增速6%以上
轨道交通装备制造产业集群	依托酒钢集团,重点发展铁路机车维修再造、轨道交通高端装备制造、轨道交通用线等产业方向,建设轨道专用材料修造生产平台	到2025年,力争形成主营业务收入100亿元以上
农机装备制造产业集群	依托兰石集团、酒泉奥凯种子机械有限公司、大禹节水集团股份有限公司等骨干企业,重点发展高参数、高可靠性大中型农机装备和中小型丘陵山地农机装备,培育旱作农业农机装备产业集聚区。建设面向丝绸之路沿线地区的现代服务型农机装备制造业基地	到2025年,农机装备制造业总产值达到100亿元,年均增长10%以上
特色农产品深加工产业集群	以张掖、武威等为重点,着力打造特色农产品深加工、牛羊肉精深加工、清真食品、民族用品等特色优势产业链,建设各具特色的农畜产品加工基地,壮大富民多元产业规模,促进县域经济加快发展,建设具有全国影响、地域特色鲜明的绿色生态农产品生产加工基地	到2025年,力争形成1000亿元的优质绿色农产品深加工产业集群

（三）重点任务三：借助产业链融合构建开放协同产业生态圈

1. 多链融合，夯实产业生态发展基础

充分发挥河西地区在"一带一路"发展中的核心地位，打通区域内外企业信息链、供应链、资金链、创新链和人才链，构筑跨区域多链统筹体系，设立需、产、研、政、金多方参与的产业协调组织。

2. 链内互动，培育产业发展新优势

依托市场需求规模较大、发展基础较好、上下游关联度高、产业生态体系相对完善的优势产业集团，发挥省属企业集团的核心引领与示范带动作用，试点建设一批跨多个产业功能区、融合多条产业链的产业生态圈，形成多要素联合驱动、多业态融合发展、多主体主动参与、多渠道持续收益的产业发展新模式。

3. 借势组团，支持企业跨界融合发展

主动开拓"一带一路"合作伙伴新兴市场空间，支持"走出去"经验多、专业技术强、投融资渠道广、业界口碑好、带动系数高的省属企业集团发挥平台资源整合优势，跨行业、跨领域强强联合或牵头组团区域内中小企业共同开拓国内外新兴市场。

4. 需求牵引，打造区域产业生态闭环

对照绿色生态工业目录，聚焦区域内市场需求旺盛、发展前景广阔、进入门槛较高的产业领域，引导大中小企业组团、加强产业链上下游联动，以优势产业链为依托，以产成品制造与服务为核心，融合上中下游相关行业共同打造闭环产业链。

5. 结大联强，培育未来工业发展新基础

重点聚焦具有重大产值的潜力产业，包括新兴材料、新能源产业、交运新材料、特定环境下的农产品及中藏药产业等，培育未来产业。

6. 行动路径：构建区域产业经济耦合生态圈

产业经济耦合生态圈发展路径如表6-4所示。

表 6-4　产业经济耦合生态圈发展路径

优势产业生态圈	需求侧（市场趋势或培育重点）	供给侧（依托企业与行动重点）	行动目标
新能源汽车产业生态圈	自 2018 年开始新能源汽车销量趋向平稳增长，据相关机构预测，新能源汽车市场将在 2024 年左右出现自然需求爆发，带来 30.3% 的销量增长率	依托嘉峪关市一特汽车制造有限公司等整车制造企业、兰州金川科技园有限公司等锂离子电池材料生产企业、酒钢集团甘肃东兴铝业有限公司等汽车结构件生产企业、新能源汽车动力蓄电池回收利用产业联盟、金昌市废旧电池资源综合利用产业基地，全力打造整车制造、动力电池、储能电站、汽车零部件、充电设施、废旧电池回收利用的新能源汽车产业生态圈	到 2025 年，推广新能源汽车 10 万辆。实行电动汽车充电峰谷电价和有序充电激励。推动智能电网、新型储能、新能源交通、分布式能源等技术在城市的利用，通过清洁能源和传统能源的互补利用，实现城市能源消费向绿色能源转变。到 2025 年建立适度超前、车桩相随、布局合理、设备先进的充电设施服务网络
绿色能源产业生态圈	引进现代高载能产业落地园区，促进新能源产业和现代高载能产业、战略性新兴产业、先进装备制造业、高端服务业、农村一二三产业联动发展，加强可再生能源就近消纳；探索在一个城市整体实现城市能源转型，以局域智能电网为基础，建成 100% 可再生能源电力城市、可再生能源供热城市、可再生能源公共交通城市	因地制宜发展风电、光电、太阳能发电、生物质能、地热能等新能源，重点鼓励分散式、分布式可再生能源开发，打造国家级光热发电示范基地。持续开展配电网和农网改造建设，推动智能电网建设，提升配电自动化覆盖率，增强电网分布式清洁能源接纳能力及对清洁供暖等新型终端用电的保障能力。提升可再生能源功率预测水平，利用大数据、云计算、"互联网＋"等先进技术提高风况、光照、来水的预测精度，扩大清洁能源现货交易电量。调度机构建立适应新能源大规模接入特点的电力平衡机制。加强涉网机组安全管理，增强电网对新能源远距离外送的安全适应性，完善分布式新能源接入的安全标准体系。开展以全额消纳清洁能源为目的的清洁能源电力专线供电试点，加快柔性直流输电等适应波动性可再生能源的电网新技术应用。探索建立容纳高比例波动性可再生能源电力的发输（配）储用一体化的局域电力系统	力争到 2025 年，新能源弃风、弃光问题得到有效解决，陆上风电发电侧平价上网，光伏用户侧平价上网，在河西地区率先实现风、光、水、火、核产业群聚集；到 2025 年，形成公平开放、灵活透明、竞争有序的多元化电力市场，建立起清洁能源为主导的"风、光、水、火、核"五位一体绿色能源体系
生态农产品加工产业生态圈	统筹协调做好京津沪、粤港澳、东西协作区、成渝区内大市场的产销对接，拓展北京新发地市场、上海蔬菜集团、广州江南市场等消费端市场；加快发展农产品电子商务，布局完善国内外营销网络体系，推动"陇"字号农产品走向中亚、东亚和东盟国家	深入实施农产品加工业提升行动，以培育特色产业加工集群和培植县域经济地方财源为核心，围绕全省六大特色产业和地方特色产品，突出特色、全链推动、集群发展，积极引进和培育上下游配套加工企业，实施以绿色有机农产品加工为主的农业产业化和生态化改造，加大生物、工程、环保、信息等技术集成应用力度，加快新型非热加工、新型杀菌、高效分离、节能干燥、清洁生产等技术升级，提升农产品的加工档次和技术含量，全力打造国家绿色生态农产品加工基地。加强农产品加工园区基础设施和公共服务平台建设，完善功能、突出特色、优化分工，吸引农产品加工企业向园区聚集，创建集标准化原料基地、集约化加工、便利化服务网络于一体的产业集群和融合发展先导区，加快建设农产品加工特色小镇，实现产城融合发展	到 2025 年，农产品加工业与农业总产值比达到 2：1，省级以上农业产业化龙头企业（加工）达到 500 个，农产品加工转化率达到 55%，农产品加工产值达到 1000 亿元

续表

优势产业 生态圈	需求侧（市场趋势 或培育重点）	供给侧（依托企业与行动重点）	行动目标
中医中药 产业生态 圈	研究推出中药材期货交易品种，探索有效的价格发现和避险机制，指导中药材种植户与生产加工企业及时了解市场价格走势，科学安排生产，实现现货市场供需平衡。 鼓励中小微中药材经营企业进入电子商务网络体系，利用第三方平台依法合规开展中药产品销售、广告宣传、售后服务等业务，开展在线交易、物流配送等集成应用	重点建设张掖经济技术开发区、武威黄羊工业园区、古浪工业集中区、民乐生态工业园区等中药材中小微企业创新创业孵化园和中药、医药、生物技术产业园区。 陇药集团牵头组团省内骨干中药企业，采取联合、兼并、参股、控股、注资等多种形式，加快中药制药行业战略性重组，促进资源向优势企业集中。基于"互联网+"协同制造新模式，推进企业数字化、智能化、信息化建设，提高企业战略管理和市场营销能力，提升企业技术装备和清洁生产水平，实现企业转型升级，促进企业创新发展、绿色发展、快速发展。 建立中药大品种大品牌高标准培育机制，加强对特色中成药品种的分析研究，筛选一批特色突出、疗效确切、质量安全、市场基础好、发展潜力大的优势产品，实施"一品一策"，定向精准培育	到2025年，力争区域内中医药及相关产业主营业务收入达到1000亿元，中医药产业事业融合发展，产业标准体系、市场体系更加健全，骨干企业研发能力、市场竞争力明显增强，中医药国际化水平显著提升

四、河西地区发展现代工业的保障措施

（一）加强工作组织协调

建立工信、发改、财政、国资等跨部门协调联动、会商推进机制，充分发挥市、县级政府相关主管部门的作用，结合河西地区实际，分级制定推进方案，明确任务分工、加强分类指导，做好行动计划的贯彻落实。支持有条件的地方或产业集群成立专家咨询委员会，为开展工业生态体系建设提供参考和支持。

（二）落实政策支持引导

河西地区相关政府部门积极对接国家相关行业主管部门，为企业在降低生产要素成本、拓展消费市场空间方面争取省域差异化利好政策，充分调动省属企业集团、中小微企业特别是民营企业参与工业生态体系建设的积极性和主动性。对于主动参与、积极融入新型工业生态体系的企业，各级政府可重点考虑予以财政补贴、税收优惠或发展基金资助奖励。

积极发挥政府采购对市场的调节作用，鼓励大型企业与中小企业基于产业生态关系组成生产联合体，共同参加政府专项采购。推进政府采购信用担保试点，为中小企业与大型企业融通发展提供良好的外部环境，促进在河西地区范围内形成种类多样、结构优化的产业生态集群。

（三）优化产业发展环境

优化企业家干事创业容错环境，建立完善的事前决策监控审批程序与事后容错免责机制，建立分级决策权责清单，为干事者提供明确行动准则，鼓励闯的精神、激活干的勇气，最大限度地激发企业家干事创业的热情，使广大企业干部可以静心谋划、安心实干、放心改革。

优化企业生态化发展基础环境，建立完善的知识产权管理服务体系，为企业提供更加公平公正、开放包容、合作竞争的良好市场机制。及时清理处置"僵尸企业"，以资产重组、产权转让、关闭破产等为主的方式及时予以"出清"。

（四）加大财政金融支持

积极申请中央及省级财政支持实体经济开发区打造大中小企业融通型特色载体专项资金，各级市、区、县政府多方筹集财政资金专门安排对区域性或行业性工业生态体系建设项目予以重点支持，促进形成多业态融合创新、共生共赢的融通发展机制。推动河西地区各部门、各地方政府建立工业生态体系建设重点企业和重点项目的融资信息对接清单，金融机构增加融资供给，鼓励设立各类创业投资基金、技改引导基金和风险投资基金，引导股权投资机构加大对产业链延伸、价值链融合、供应链互通整合项目的支持。

（五）推动开展试点示范

在河西地区支持一批行业或集群龙头效应突出的大型企业开展生态型企业试点，遴选一批配套支撑效应突出的专精特新"小巨人"企业和制造业单项冠军企业开展产业强链延链试点，打造一批产业基础雄厚、产业链条完备、聚集效应明显、区域特色鲜明的产业生态集群试点，部署一批发展前景好、带动作用大及标杆效应强的产业生态圈建设示范项目。加大对河西工业生态体系建设进展及成就的宣传，让工业生态化发展的理念深入人心，为深入推进河西工业生态体系建设营造良好的社会环境与氛围。

（六）健全关键人才培养机制

人才是关键竞争力核心，应通过多途径完善人才培养体系。重视和加强关键技术人才（有色金属、钢铁、新材料等）的培育、引进与团队化建设，支持围绕核心产业发展，加快部署和完善相关技术研发体系与科研布局；鼓励相关企业自主或合作到东部高端人才密集地区建立创新研发中心，不拘一格借智借力，有效解决本地高级专业人才缺乏的矛盾，借力提升区域内相关产业的技术创新能力。构建全方位、立体化的人才激励制度与机制，地方性的高级专业人才津贴制度覆盖到高级技师和高级技工等工匠型人才，充分激发基层技能型人才的创新积极性和主动性，有效激发企业的内生动力。

（七）强化政产学研多链融合创新体系

强化政策链、创新链、产业链、价值链和资金链之间的纵横融合发展布局，打通政产学研多链融合发展体系。积极引导省内相关高校（兰州大学、兰州理工大学、兰州交通大学等）、科研机构（中国科学院等）加强与重点骨干企业（金川公司、酒钢集团等）的战略合作，共同围绕区域内核心产业的高端化发展，加强技术协同攻关，逐步形成河西区域现代工业的强有力支撑；创立全省支柱产业发展基金，多途径募集资金，常态化地对区域内关键核心技术攻关项目和成果转化项目予以经费补助支持；建立和完善科研成果转化直通机制，加强科技中介服务和科技信息服务支撑体系建设，加强对相关领域高价值科研成果的针对性遴选和产业化价值评估，畅通先进技术成果的产业化转化通道。

（八）搭建产业合作平台

由第三方非利益相关机构牵头成立跨行业、跨区域的产业链群协作联盟，调动政、产、学、金、介、用多方力量形成合力，在信息共享、产能合作、标准制定、技术验证、产品孵化与国际拓展等方面创新管理和运营机制，打造多方协作、互利共赢的产业生态。

|第七章| 文化旅游产业发展路径

一、河西地区旅游资源及其特色

（一）旅游资源现状及特点

党的十八大以来，甘肃把旅游产业摆在产业第一位，提出旅游强省战略，甘肃省委、省政府团结带领全省上下坚定不移实施旅游强省战略，"旅游+"战略促进旅游业链条不断延伸，空间不断扩大，旅游与文化走向开放式融合发展之路，推动全省旅游产业转型升级、跨越发展，全省旅游接待人数和综合收入增速多年保持在25%以上，稳居全国前列。

河西地区旅游资源丰富，自然景观壮美，人文景观特色鲜明。拥有世界文化遗产1处（敦煌莫高窟），历史文化名城3个（敦煌市、张掖市和武威市），国家地质公园2个（丹霞地貌和雅丹地貌），国家级文物保护单位63个（占全省47.37%）；A级景区共有128家，其中，5A级景区有3家（敦煌鸣沙山景区、嘉峪关关城景区和张掖七彩丹霞景区），4A级景区共有36家（酒泉市7家、嘉峪关市4家、武威市6家、金昌市3家、张掖市16家），3A级景区共有36家（酒泉市19家、武威市6家、金昌市2家、嘉峪关市2家、张掖市7家）。

（二）旅游产业发展亮点

1.旅游基础设施大升级

近年来，甘肃省委、省政府在改造提升公路、铁路、民航机场等交通基础设施建设上取得了显著成效。积极推进丝绸之路经济带甘肃段交通提升重大项目部署，极大地改善了河西地区旅游的可进入性和交通通达性。同时，旅游餐饮、住宿、旅行社、旅游交通及文化娱乐和各种体育、疗养设施等方面取得了很大的进展。青年旅社、农家乐、民宿等发展壮大，弥补了限额以上住宿业和餐饮业企业的承接能力。

2. 重点景区建设成效凸显

河西地区通过加大招商引资落地兑现力度，引导社会资本进入文化旅游产业，推动了重点景区的提升建设。张掖七彩丹霞景区及周边进行环境整治和软硬件提升改造，全力打造国际旅游目的地品牌，最终获评国家 5A 级旅游景区。嘉峪关关城依托世界文化遗产，倾力打造关城大景区，引进和建设了方特欢乐世界、丝绸之路博览园和观礼古镇等文化旅游重点项目。敦煌研究院与腾讯地图联手，实现远程"智能游"，融合虚拟与现实，推进莫高窟智慧景区的建设，不仅提供便捷游览服务，还能帮助游客更全面、更深入地体验、了解莫高窟的文化内涵，在让更多人体验敦煌文化艺术之美的同时，进一步扩大了莫高窟在全球范围内的影响力。重点景区的辐射能力及其影响力进一步提升，初步形成了甘肃河西地区以 5A 级景区为龙头、4A 级景区为主体、3A 级景区为补充，文物古迹游、自然风光游、田园休闲游、探险娱乐游和现代工业游于一体的大旅游格局。

3. 文化与旅游高度融合加快

为推进文化和旅游业深度融合、文化和旅游业改革创新，河西地区推进开发文化动漫艺术高端产品，支持演艺、影视、出版、动漫、创意设计、工艺美术、节庆会展等与旅游业融合。建设了一批有历史底蕴、地域特色、民族风情和文化内涵的旅游线路、旅游目的地，支持有条件的地区建设特色文化小（城）镇。通过举办全省文化旅游产品创意大赛和文化旅游商品大赛，加大了文化旅游商品研发转化力度，不断拓展发展新空间，培育增长新动能。同时还通过实施"文旅+"战略，加快推进文化旅游与体育、农业、教育等领域融合发展，衍生文化旅游新业态、新产品。积极打造一批体育旅游示范基地和品牌赛事，推动老工业基地工业旅游创新发展，全力配合抓好国家级文化产业园区、国家生态旅游示范区和国家中医药健康旅游示范区（基地、项目）等创建。

4. 网格化精品旅游线路初步形成

借助甘肃旅游强省建设持续推进，打造了一批精品景区和精品线路，加快了乡村旅游发展步伐，初步形成全域旅游发展新格局。以加快发展区域乡村旅游为引领，河西地区重点打造了历史文化、生态体验、民族风情、红色旅游、乡村旅游和工业科技"六张牌"。以农耕文化为魂、以田园风光为韵、以村落民宅为形、以生态农业为基，积极做好乡村"土气""老气""生气""朝气"的文章，学习借鉴省外发展乡村旅游的"真经"，全方位加快发展乡村旅游。以打造世界级自驾旅游线路为目标，依托重点景区、风景廊道和重要交通节点，积极开发特色鲜明的自驾车、房车旅游精品线路，开发户外拓展、励志教育、野营训练等主题研学产品，逐步建立并完善自驾车、房车经营体系。

5. 旅游对外开放程度持续提升

深入挖掘文化内涵，以打造永不落幕的高品质文博会为引领，持续放大敦煌文博会品牌效应，积极融入"一带一路"，策划举办一批标志性、国际性和特色化节会活动。充分借助敦煌行·丝绸之路国际旅游节和丝绸之路（敦煌）国际文化博览会两大平台，坚持国际水准、国内一流，突出策划设计，进一步充实完善总体方案，加快专项实施。以品牌国际化、活动产业化、市场运作化为手段，引导与鼓励企业和社会组织承办节会活动。加强与保加利亚、黑山、立陶宛、新加坡、马来西亚、泰国、越南、以色列等国及特拉维夫等文化中心开展人文交流合作，加大与港澳台的文化和旅游交流，展示甘肃省文化旅游形象，提升文化旅游影响力。积极参加由文化和旅游部组织开展的"海上丝路"主题推广团、美丽中国－港澳主题旅游宣传推广活动和澳门国际旅游博览会、海峡两岸台北旅展等活动，赴美国、加拿大、墨西哥、日本、韩国和马来西亚等国家开展宣传推广活动，邀请当地旅游官员、旅行商、主流媒体参会，放大宣传效应，提升甘肃旅游国际知名度。

6. 服务质量和管理水平不断完善

针对行业服务质量粗放、标准化水平不高、旅游新业态服务标准滞后、旅游公共服务设施覆盖率不够等影响甘肃旅游品牌形象和服务质量的问题，从2010年开始实施旅游服务质量提升计划。一系列政策措施配套出台，包括《"2010甘肃旅游服务质量提升年"活动实施方案》、2018年的《全省旅游行业开展质量提升行动实施方案》等，大幅提升了基础设施建设、旅游要素供给、旅游公共服务体系建设、旅游标识和解说系统，同时完善了官方旅游网站、官方智能手机可下载旅游软件、官方主流网络媒体旅游信息发布点等在内的旅游信息平台建设，全面提升旅游服务质量和游客体验满意度。

（三）旅游产业发展成效

统计数据显示，2018年甘肃省文化旅游产业占全省GDP的比例已达到7%，在十大生态产业中是首位产业，已成为全省经济社会发展的支柱产业。河西地区旅游产业围绕丝绸之路经济带建设、华夏文明传承创新区建设等重大战略，实现了规模和速度双增长，质量和效益双提升，旅游主题形象和品牌得到双推广，加强了人文交流，扩大了甘肃影响，在稳增长、转方式、调结构和惠民生方面发挥了重要作用，对全省经济社会发展作出了积极贡献。根据 2016 年、2017 年和 2018 年甘肃省旅游统计公报数据汇总，河西地区 2018 年旅游接待人数总计 8804.4 万人次，比 2017 年增长了 27.02%；其中五地市旅游接待人数由多到少排序依次是酒泉市、张掖市、武威市、嘉峪关市和金昌市。截至 2018 年年底，河西五地市全年旅游总收入 665.5 亿元，比上年增长了 31.37%，占地区生产总值的 32.66%。

二、河西地区文化旅游产业发展存在的问题

（一）资金投入困难加大，影响规划项目推进实施

1. 环保等投入大

旅游业本身具有前期投入量大、后期收益期长的特点，在其发展初期需投入大量资金用以景区开发、旅游基础设施和服务设施的建设，而资金支持力度的大小在很大程度上取决于地方经济的发展水平。近年来，河西地区各市、县在生态环保方面的人力、物力和财力投入普遍大幅增加，加上当前国家公园和保护区政策对矿产、旅游等行业的关停与限制，地方财税收入明显减少，地方财政紧张形势进一步加剧。

2. 规划项目推进实施受阻

受上述形势影响，河西地区各市、县对旅游的投入力度普遍降低，首当其冲受影响的是与景区相关的主要交通基础设施、停车场和游客接待服务中心等项目的推进，以及文化创意产品开发等，加上省级层面相关支持力度的降低，当前旅游发展规划、专项行动计划等项目实施总体缓慢。

（二）开发利用与营销宣传方式雷同，区域间合作不足

1. 旅游发展模式雷同

河西地区高品质旅游资源丰富、种类齐全，国家级重点文物保护单位数量众多。从实地调研情况来看，游览仍然以传统游览观光为主，开发利用模式单一，休闲体验、科学考察、探险教育等综合开发模式尚处在起步阶段；营销模式也主要是通过企业或者旅游社团的广告和标语来做宣传，自媒体、"互联网+"等营

销宣传力度严重不足，并且各市、县情况几乎完全类似，旅游资源整合情况差，各自为政，竞争大于合作。几乎各市都有开发田园生态游、户外徒步（探险）、极限挑战、滑翔漂流等类似的旅游项目，缺乏整个区域内系统的旅游开发和发展策略。

2. 石窟和丝路仍是引客核心

根据焦世泰（2010）对甘肃省内、省外和国外游客的调查，游客对河西地区整体形象的感知顺序不同，省外游客和国外游客感知度最高的是石窟艺术，分别为 90.6% 和 97.3%，丝路文化排在第二位，分别为 86.9% 和 90%，而省内游客的感知顺序则是丝路文化第一、石窟艺术第二。这一调查说明，对于游客而言，河西走廊"石窟艺术"和"丝路文化"的旅游形象已经深入人心，客观上给其他类型旅游资源的开发宣传造成压力，不利于旅游功能多样化。

（三）旅游跨界融合度不高不深，旅游业态单一

近年来，河西地区旅游业虽然保持快速发展势头，但差距和短板仍然比较明显，其中影响打造全域旅游的关键问题之一，就是旅游与相关产业的融合度单一、业态简单。很多具有显著特色和比较优势的文化、工业、生态等资源尚未转化为明显的经济效益，旅游产品和服务供给不足，特别是高品质、有创意、吸引力强、附加值高的产品短缺，导致旅游业的经济支柱作用不明显。通过调研分析，旅游产业融合的障碍既包括政策障碍，也包括动力障碍。

（四）错位发展尚未真正统筹落实，未来发展趋势认识不清

1. 大小资源一律搞开发

河西地区各类保护地的大发展与全国的情况一样，基本与我国的经济大发展同步。前期的大发展只是数量的大发展，是"早划多划、先划后建"式的发展，因此尽管有《中华人民共和国自然保护区条例》《风景名胜区条例》这样的"最严格保护"的法规，但是自然保护地并没有真正得到依法保护，地方政府"靠山吃山、靠水吃水"并把保护地开发为旅游景区的情况大有所在。整个河西地区人文资源和自然资源类似程度较高，而各市、县在差异性特色化方面设计不足，倾尽想法和资源搞同质化规划，导致河西各地旅游雷同性的"全面大发展"。

2. 未来趋势认识不清

很多部门工作人员对《建立国家公园体制试点方案》中所提的"保护为主""全民公益性"及《建立国家公园体制总体方案》提出的国家公园可以在保护生态的前提下开展自然观光、旅游等新理念、新趋势认识不清。理解不充分，完全没有考虑这些政策中重要的"体制"这两个字，而以公益性、科学性和参与性为主的国家公园旅游与大众观光旅游产业有显著区别，也正是体现在体制机制上的大不同。因此，未来各市、县应在体制机制方面做更多思考和实践。

三、河西地区文化旅游产业发展思路、定位与布局

（一）发展思路

坚持"宜融则融、能融尽融"的基本原则和"以文塑旅、以旅彰文"的发展方向，重点在"挖（规模与效益挖潜）、升（业态与服务升级）、跨（跨区域合作与跨文化营销）"上要效益，突出发展全域全季全时旅游，着力推动文化和旅游真融合、深融合，努力往深里走、往实里走、往制度化上走，推动大敦煌文化旅游经济圈和旅游强省建设。

1. 全域旅游效益挖潜

把河西地区整体作为一个大旅游景区，充分挖掘其丰富的旅游文化资源和自然资源，推进全域统筹规划、全域合理布局、全域服务提升、全域系统营销，构建良好的自然生态环境、人文社会环境和放心旅游消费环境。旅游供给品质化。加大旅游产业融合开放力度，提升科技水平、文化内涵和绿色含量，增加创意产品、体验产品和定制产品，提供更多精细化、差异化旅游产品和更加舒心、放心的旅游服务，增加有效供给。旅游治理规范化。加强组织领导，增强全社会参与意识，建立各部门联动、全社会参与的旅游综合协调机制。坚持依法治旅，创新管理机制，提升治理效能，形成综合产业综合抓的局面。旅游效益最大化。把旅游业作为经济社会发展的重要支撑，发挥旅游"一业兴百业"的带动作用，促进传统产业提档升级，孵化一批新产业、新业态，不断提高旅游对经济和就业的综合贡献水平。

2. 产业融合与新业态升级

催生文旅深度融合新业态，创造发展新格局。以文促旅，提升旅游产品的文

化内涵。加快适应旅游需求转变趋势，注重发展文化体验游，以旅游目的地将历史文化、民俗文化等集体文化记忆转化为场景、故事、体验项目等为突破点，引发游客的文化共鸣，促使"门票经济"向"体验经济"转变。以旅彰文，旅游为文化传承带来动力。通过现代手段，将更多文化遗产、文化资源、文化要素转化为深受旅游者喜爱的旅游产品，支持旅游产业化、市场化发展，丰富文化产品和服务的供给类型与供给方式。融合创新，催生文旅深度融合新业态。借助数字化、互联网、虚拟现实和增强现实等技术，开发多媒体文化节目观赏、虚拟漫游体验及与文物交互互动等文化体验游线路和创新性产品，让游客"身临其境"地体验"活"的历史，发展全景旅游模式；持续挖掘打造冰雪游、人文景观游、休闲养生游等冬季旅游项目，发展夜间旅游项目，增加夜景观，打造全季全时旅游业态。

3.跨区域合作与跨文化营销

加快与周边区域、省外、国外建立旅游协同发展工作机制、区域合作框架协议、沿线城市旅游联盟等不同形式的跨区域旅游合作平台及机制，畅通沟通交流信息渠道，推动在联通航线、打造快线、创新产品、发展货运和体制机制等方面的全面深化合作。以跨文化营销，构建旅游对外开放新格局。针对跨文化旅游者需求，结合河西地区旅游资源特点，精准定位旅游宣传形象；以河西地区旅游资源国际知名度为契机，强化异域文化风情，扩大跨文化旅游者的影响力。

（二）发展定位

"十四五"河西地区旅游发展战略定位应聚焦创建全国全域旅游示范区、数字文旅产业发展先行区和国家旅游综合改革试验区。

（三）空间布局

坚持定位指引、统筹部署、协调联动、差异化发展、文旅融合、全域推进原则，强化实施区域旅游空间发展布局。

酒泉市：围绕大敦煌文化旅游经济圈建设，重点发展人文旅游、户外探险游、民族风情游和研学科普游等旅游类型，打造丝路文化艺术制高点、丝绸之路精神制高点。

嘉峪关市：围绕长城、丝路两条旅游轴线做文章，深度挖掘夜景旅游、立体旅游、工业旅游、运动康养和户外探险游等全要素旅游资源，满足游客参与性、互动性、体验性旅游消费需要。

张掖市：以七彩丹霞景区提升为核心，重点发展自然风光游、户外探险游、冰雪游、民族风情游、田园休闲游和研学科普游，深挖旅游产业规模效益潜力。

武威市：重点开发大漠风光、田园观光、草原风情、采摘垂钓、民俗体验、乡村康养、民俗风情、冰雪游等旅游类型和乡村旅游产品，深入挖掘山水生态、农耕文化、农事体验、特色种植和古村古镇等旅游资源融合价值。

金昌市：围绕打造"中国镍都·西部花城"，做精做强工业旅游和生态旅游，辐射带动红色旅游、民俗风情游和研学旅游，放大文化旅游综合效应。

四、河西地区文化旅游产业的重点发展方向

（一）深挖旅游产业规模潜力，推动全域全季全景全时旅游

1. 深度挖掘自身资源，做深做精全域旅游

河西地区发展旅游拥有良好的自然条件和资源基础，应进一步整合优势资源，统筹实施全域旅游发展战略，依托优势资源做优旅游创意，实施精品旅游发展战略，深度挖掘河西地区文化旅游产业规模效益潜力，大力实施差异化发展战略。在多向挖掘文化内涵的基础上，应根据文化主体特质，展现地域文化的独特魅力，借鉴韩国将历史遗迹、文物、传统艺术的内涵和延展内容加以展现与演绎，满足旅游者体验旅游文化深层次内涵的精神需求。

2. 统筹项目布局，多点发力打造全季全景全时模式

统筹构建功能定位清晰、资源高效利用和产业集群发展的大旅游格局。着力突破季节性障碍，持续挖掘打造冰雪游、人文景观游和休闲养生游等冬季旅游项目，延长年度营运时间，打造全季全时旅游业态，发展夜间旅游项目，增加夜景观，展示具有河西文化特色的"食、游、购、娱、展、演"等多元和差异化的夜间经济。

（二）促进文化旅游深度融合，强化数字化文旅发展支撑

1. 推动文化旅游深度融合，形成发展新增长极

重点推动 5 个融合：基于场所精神塑造的文旅融合（历史文化街区）、基于产业价值网络构建的文旅融合（旅游小镇）、基于主题文化演绎的文旅融合（主题公园）、基于创意空间集聚的文旅融合（文化创意产业园）和基于舞台再现的

文旅融合（大型实景演出）。推动集散中心、旅游线路、景区景点融入非物质文化遗产元素，支持传统文化、影视制作等特色潜力产业向旅游产品转化，让文化留住游客，让游客带走文化。

2. 出实招硬招新招，创新推介宣传手段

加大"IP+旅游"模式下旅游产品创新力度，进一步丰富区域旅游产品，塑造地标性的区域旅游形象，以 IP 形象为切入点，挖掘和孵化具有河西地区本土化气息的 IP 符号。加快推进重点景区管理体制改革，提升航空口岸便利通关条件，探索敦煌航空口岸落地签、甘青环线一机游等便捷机制，以数字经济的国际化发展，推动丝绸之路数字文旅产业发展。

（三）打造跨区域跨文化营销，提升旅游对外开放新水平

1. 深化跨区域合作，探索跨文化推广和营销

加快搭建省外、国外合作平台，畅通交流信息渠道，推动在联通航线、打造快线、创新产品、发展货运和建立机制等方面全面深化合作，联合两地旅游管理部门及旅行社合作打造"航空＋旅游"等产品，加强航空旅游联合营销。

2. 精准跨文化推广，构建旅游对外开放新格局

转变单一形象宣传，精准指向全球开展推荐，切实了解海外旅行商对甘肃入境旅游的需求和建议，有针对性地进一步挖掘并推介适合海外游客需要的特色旅游产品，联合敦煌机场、中川机场、公航旅集团等共同开拓海外旅游市场，与目的地旅行商建立直接合作，完善入境游奖励政策。

（四）多层面寻找品牌新爆点，重构旅游服务价值新生态

1. 重整旅游服务组织形态

推动省内旅游运营机构从单打独斗、各自为营、功能单一的形态，转向数字化平台引领的全景引客、全业留客、全时迎客、全民好客的旅游生态体系建设，将景区、旅行社、艺术院校、文创企业、商家和居民等全要素主体协同组织起来。通过分析每位用户的过往使用记录数据、信用数据等，辅以大数据和人工智能算法，着重解决引客、迎客、留客的全要素智能配置平台。以引客外溢，释放留客业态价值，以留客业态，形成常态化引客要素，让游客想过来、留下来、住下来。

2. 多层面策划品牌新爆点

抢抓"一带一路"倡议、政策红利、平台品牌等机遇，大力发展和提振入境旅游市场。积极策划组织入境旅游全球战略合作伙伴峰会、高端商务旅游展、高端艺术品拍卖、丝绸之路·国际奢侈品发布首秀及甘肃国际研学旅行峰会等一系列专业活动，辐射和带动其他经济领域的深层次国际交流与合作，不断提升甘肃对丝绸之路经济带建设的贡献度。

五、河西地区发展文化旅游产业的对策建议

（一）强化规划支撑引导，优化部门职能落实改革试点

1. 完善规划体系，强化规划落地

完善甘肃省旅游规划管理办法，细化旅游规划工作流程，健全旅游规划技术体系、操作体系和监管体系，指导市、县（区）开展旅游发展规划编制工作。围绕总体发展思路和定位，针对重点旅游景区、旅游功能区、旅游线路、乡村旅游试点，统筹编制带资金、带项目、带政策专项规划，形成发展合力。构建省级指导，市、县（区）主推，乡镇落实，村社参与的四级联动机制，形成旅游发展纵向合力。推动市、县（区）工作逐项对接紧密合作、各部门之间密切协作，实现层层分工、层层推进，形成旅游发展横向合力。

2. 优化管理部门职能，推进改革试点

整合社会资源，推进旅游行业协会与旅游行政管理部门完全脱钩，政府采取购买社会服务的方式，将A级景区、星级饭店、星级乡村旅游点评定和行业培训、旅游宣传促销等职能交由行业协会承担，充分发挥行业协会在服务企业发展、优化资源配置、履行社会责任、强化行业自律和创新旅游管理等方面的积极作用。全面推进从旅游业管理方式到产业促进的各项改革。创新旅游产业促进机制，强化政府推动、引领、整合和服务功能；创新工作方式，支持旅游产业发展大会和旅游节庆活动；建立完善旅游产业统计和分析体系，组建旅游数据中心。推进旅游部门职能转变，解决旅游业发展的重大问题；建立景区门票价格监管体系，完善价格机制，规范价格行为；加强旅游业供给侧结构性改革专项研究工作，做好政策研究储备；支持建设一批全域旅游示范区、改革创新先行区和国际特色旅游目的地等先行先试旅游区，探讨旅游发展综合改革、专项改革和旅游资源一体化管理的新路子。

（二）加大旅游投入，形成多渠道投融资大格局

1. 拓宽旅游产权交易融资渠道

加大对旅游发展的资金投入，大力推进旅游投融资模式创新，形成活力迸发的旅游投资大格局，为旅游发展注入强劲动力。支持符合条件的旅游企业上市，探索组建旅游资源交易平台和旅游产业风险投资机构。鼓励金融机构按照风险可控、商业可持续原则，加大对旅游企业信贷支持。积极发展旅游投资项目资产证券化产品，推进旅游项目产权与经营权交易平台建设。积极引导预期收益好、品牌认可度高的旅游企业探索通过相关收费权、经营权抵（质）押等方式融资筹资。充分发挥省级旅游发展资金和旅游产权引导基金作用，鼓励县（市、区）设立旅游发展专项资金和旅游产权投资引导基金，吸引更多社会资本投资旅游业。

2. 积极争取国家专项资金支持

抓住新一轮西部开发、黄河流域生态保护和高质量发展等对旅游公共服务设施与基础设施投资计划机遇，增加项目储备，选报一批投资规模大、带动功能强和综合效应好的大项目、好项目入库，为争取政府性资金支持做好项目储备。对接国家"十四五"旅游基础设施建设项目规划，编制甘肃省旅游基础设施与公共服务体系建设规划，为争取中央预算内基建资金支持旅游业发展提供规划支撑。争取中央政府性投资支持甘肃旅游业发展，争取国家旅游发展基金项目支持。加强旅游发展基金地方补助资金使用情况监督检查。

（三）强化政策支持，优化旅游业发展的大环境

1. 完善旅游奖励政策

建立完善甘肃省旅游营销奖励政策体系，研究制定组团、专列、包机等游客到甘肃旅游专项奖励办法。探索建立甘肃区域旅游营销集团，整合区域旅游要素、线路产品、游客组织和销售管理等资源，统一营销。

2. 深化消费激励政策

鼓励和推动全省各级各类公共博物馆、纪念馆、爱国主义教育基地、城市休闲公园、科普教育基地、红色旅游景区景点等实行免费开放或降价优惠。鼓励设立公众免费开放日，探索发放旅游休闲消费券。鼓励企业将旅游休闲作为职工奖励和福利措施。引导和鼓励各类企事业单位尤其是交通、餐饮、住宿、购物、娱

乐等服务单位出台各类优惠措施。鼓励各类学校开展研学旅行，并纳入学生综合实践课程。

3. 落实带薪休假制度

加大力度落实《关于改善节假日旅游出行环境促进旅游消费的实施意见》、《职工带薪年休假条例》和《机关事业单位工作人员带薪年休假实施办法》、《企业职工带薪年休假实施办法》有关规定，鼓励进行错峰旅游，引导、鼓励职工及其所在单位更加灵活地安排带薪休假。加强带薪年休假政策宣传，指导用人单位合理安排职工带薪年休假。

4. 保障旅游用地供给

完善旅游产业用地管理措施，推进土地利用差别化管理与引导旅游产业结构调整相结合。研究制定差别化旅游用地政策，优先保障旅游重点项目用地供给。按照自然资源部、住房和城乡建设部、文化和旅游部促进旅游业发展用地的有关政策，对依托城镇的旅游项目开展非营利性旅游公共基础设施建设的，采用划拨方式供地；对符合规定的公益性城镇基础设施，采用划拨方式供地。支持以土地流转的方式发展乡村旅游，鼓励社会资本依法使用农村集体所有土地、林地投资乡村休闲旅游项目。

（四）加强人才队伍建设，强化文旅融合的智力支撑

1. 加大资金和项目支持力度

继续加大力度组织实施旅游人才培养计划与项目，统筹使用人才奖励资金和"四个一批"人才队伍建设专项资金，重点用于省属国有文旅企业、"专精特新"中小文旅企业高端人才、优秀人才的引进、培育和奖励。

2. 完善人才培养培训体系

以培养高技能人才和高端文化创意、经营管理人才为重点，加大对文旅产业人才的培养和扶持。探索与知名培训机构、专业院校、科研院所建立人才共同培养机制，通过资金补助、师资支持等多种形式，支持各地开展文旅产业人才培训。依托工作室、文化名人和艺术大师，促进人才培养和传统技艺传承。加强对非物质文化遗产传承人和学艺者的培训，着重提高其创新创意能力。积极将特色文旅产业人才培养纳入各级人才发展规划和工作计划。

3. 实施后备人才教育工程

加强文化科技学科建设与人才培养。加强理工学科与人文、管理学科的交叉融合，支持高校设立文化科技交叉学科，支持科研院所开展文化科技专业研究生培养，培养文化科技融合人才。依托高校、职业院校和科研院所，建设文化和科技融合的综合性研究中心，强化校企合作，设立专有人才培训基地，常态化开展业务实习培训。依托国家各类人才计划，注重对高端文化科技人才的引进，培养造就专业化、复合型的人才队伍与团队。

第八章 清洁能源产业发展路径

一、河西地区清洁能源产业发展现状、优势及问题

（一）产业发展现状

1. 政府规划及政策扶持现状

甘肃省先后出台了一系列政策规划支持清洁能源产业发展。甘肃特殊的地理地貌和气候状况，赋予了全省丰富的可再生能源资源，被形象地誉为"风光"大省。2006 年，甘肃省委、省政府提出"建设河西风电走廊，打造西部陆上三峡"的战略构想，从此甘肃风电产业开始快速发展，规模不断扩大。2018 年出台了《甘肃省清洁能源产业发展专项行动计划》，加快推进清洁能源产业发展，同时出台了《甘肃省新能源消纳实施方案》《甘肃省解决弃风弃光问题专项行动方案》《甘肃省实施能源结构调整三年行动方案》等一系列关于新能源消纳的政策措施。

2. 清洁能源产业发展现状

甘肃省新能源布局相对集中在资源状况较好的河西地区。风电重点建设了国家批复的酒泉千万千瓦级风电基地一期、二期第一批项目和民勤百万千瓦风电基地项目，光伏发电按照省政府确定的敦煌、肃州、金塔、嘉峪关、金昌、凉州和民勤 7 个百万千瓦级光伏发电基地建设展开。数据显示，截至 2018 年 12 月底，甘肃省发电总装机容量为 5113 万 kW，其中，风电 1282 万 kW，占总装机容量的 25.08%；光伏发电 839 万 kW，占总装机容量的 16.42%；新能源装机占比 41.5%，成为甘肃省第一大电源。从全国来看，目前甘肃风电装机容量位于第 4 位，光伏发电装机容量位于第 10 位，新能源装机总容量位于第 5 位[①]。

---

①数据显示：甘肃风电装机容量居全国第四 . http://app.myzaker.com/news/article.php?pk=5c7790a41b-c8e082480001cb[2021-08-23]。

3. 新能源装备制造业发展现状

新能源装备制造业基本形成产业链，实现规模化发展。风电装备制造业形成 500 万 kW 的制造能力，有酒（泉）嘉（峪关）、金（昌）武（威）、兰（州）白（银）3 个基地，其中酒嘉基地对周边地区有较大的扩散影响力；风电装备制造企业有金风科技股份有限公司、华锐风电科技（集团）股份有限公司、东汽风电和上海电气集团股份有限公司等，当地组装制造并投入使用的已有 1.5MW、2MW、3MW 陆上风电机组。光伏发电装备组件生产企业主要有金塔万晟光电有限公司等[①]。

4. 电力输送通道建设现状

甘肃省位居西北地区中心，在电网运行调度上起着枢纽作用。现已建成 750kV 和 330kV 交流、酒泉—湖南 ±800kV 特高压直流输电主网架。2018 年 12 月底，在国家的大力支持下，新疆准东至皖南地区 ±1100kV 特高压直流工程已投运。这是世界电压等级最高、输送功率最大、输送距离最长及科技水平最高的直流外送工程，也是国家能源局重点关注和支持项目，其建设标志着新能源大基地、大通道、大电网战略的开启实施，将极大地缓解河西地区弃风限电的压力，对于解决大型新能源基地发展问题具有重大示范意义[②]。

（二）产业发展优势

1. 河西地区清洁能源自然资源丰富

甘肃省深居西北内陆，属大陆性很强的温带季风气候，特殊的地理地貌和气候状况，赋予甘肃河西地区丰富的新能源资源。

1）水能资源。就全省而言，河西走廊地区水资源总量较为丰富。根据甘肃水资源综合调查评价结果，全省多年平均水资源总量为 289.44 亿 m³，其中，内陆河流域为 61.29 亿 m³，黄河流域为 127.79 亿 m³，长江流域为 100.36 亿 m³。全省水能资源理论蕴藏量为 1813 万 kW，居全国第 10 位，可开发量为 1205 万 kW。

2）风电资源。甘肃省有效风能资源理论储量为 2.37 亿 kW，居全国第 5 位，技术可开发量为 6000 万 kW，风能资源主要集中在省内河西走廊西部和部分

①李成家 . 2019. 甘肃新能源发展探究 . 中国电业，（2）：74-75.
②李成家 . 2019. 甘肃新能源发展探究 . 中国电业，（2）：74-75.

山口地区，地域占全省总面积的39%，具有连片开发建设大型风电场的优越条件。

3）太阳能资源。甘肃省大部分地区处于太阳能辐射丰富区和较丰富区，年太阳总辐射量在4800～6400 MJ/m²，其中河西地区日照时间长、强度高，光热资源十分丰富，年太阳总辐射量为5800～6400 MJ/m²，年日照时数为2800～3300 h，且省内太阳能资源丰富地区多数为沙漠、戈壁及未利用荒地，地势平坦开阔，布局建设光伏发电项目的基础条件非常优越，已被确定为中国光伏发电大规模应用示范基地。

4）生物质能资源。甘肃省生物质资源丰富，主要有农作物秸秆、林业废弃物、畜禽养殖剩余物、城市生活垃圾和生活污水、工业有机废弃物等，其中最主要的是农作物秸秆。据测算，全省可利用的生物质能资源量约为1100万t标准煤。根据目前甘肃生物质能技术研究和利用水平，生物质能开发利用主要有沼气、生物质发电等。

5）核能资源。甘肃省拥有铀矿地质勘探与采冶、核燃料生产与核部件制造、乏燃料后处理及核技术应用等较为完整的核工业体系，是铀转化、铀浓缩产业主要聚集地，在全国核燃料循环体系中占有重要位置。

2. 清洁能源产业已形成一定规模和特色

河西地区清洁能源产业已形成一定规模和特色，新能源装机容量大。从全国来看，目前甘肃风电装机容量位于第4位，光伏发电装机容量位于第10位，新能源装机总容量位于第5位。甘肃电网新能源装机大规模集中在河西地区，尤其是酒泉地区。新能源大规模集中，导致新能源发电同时率高，出力波动性大。河西地区新能源总装机容量达1892万kW，占全网新能源总装机容量的93%，其中风电总装机容量为1194万kW，占全网风电总装机容量的94%；光伏总装机容量为698万kW，占全网光伏总装机容量的91%。酒泉地区风电装机容量为910万kW，占全省风电总装机容量的71%；酒泉地区光伏装机容量为146万kW，占全省光伏总装机容量的19%。

3. 新能源装备制造业已经具备规模化产能

新能源装备制造业规模化发展。例如，酒泉新能源装备园区已形成年产600万kW风电设备、500MW电池组件、1000MW光伏逆变器的生产能力，已成为国内产业规模最大、产品型号最多、聚集效应明显的风电装备制造基地和西北地区最大的光伏组件生产基地。武威新能源装备产业也已形成年产500MW

光伏组件、300MW 光伏支架、300 台 1.5MW 及 2MW 电励磁和永磁低速同步发电机、500MW 风电变流器、200MW 光伏逆变器、300 套塔筒及叶片的生产能力。光伏发电装备组件生产企业主要有金塔万晟光电有限公司等。全省风电装备制造全产业链联盟等服务体系逐步完善，为新能源装备产业发展奠定了基础。

（三）产业发展存在的问题

1. 弃风、弃光问题仍较为突出

甘肃省属于新能源资源集中开发的典型省份（新能源主要集中在河西地区），但同时甘肃省弃风、弃光问题比较严重，2016 ~ 2018 年弃风率在20% ~ 43%，2019 年弃风率、弃光率分别为 7.6%、4.4%，被国家能源局列入风电投资监测红色预警区域。甘肃弃风、弃光的背后，存在电力供需的严重失衡、煤电矛盾、网架结构和输送能力不足等多方面因素，存在交易壁垒和利益博弈。不仅造成了企业的巨额经济损失，同时在环境污染和节能减排等方面造成了负面影响。

2. 新能源装机增速过快，开发规模远超当地消纳能力

甘肃电源装机水平与负荷比例极不匹配，新能源增速过快，现有装机规模远超当地消纳能力。截至 2017 年 6 月底，甘肃电网最大用电负荷 1248 万 kW，甘肃电网装机负荷比达 3.88 : 1，新能源装机负荷比达 1.58 : 1，风电总装机容量已超过全网最大用电负荷。长期以来，甘肃电网用电负荷以有色金属、化工和黑色金属冶炼等高载能企业为主，约占全省用电量的 50%。受产能过剩及市场价格影响，钢铁、电解铝等高耗能产业市场仍未彻底复苏，省内售电量增速趋缓，省内消纳空间严重不足。

3. 省内无快速调节电源，全网调峰能力有限

由于风电具有间歇性、波动性和随机性等特点，必须利用火电、水电等可调节能源进行调峰，才能削峰填谷。在保证电力安全可靠供应的前提下，风力等新能源发电与调峰电源的比例应达到 1 : 4，才能实现风电的多发满发。目前，甘肃省没有抽水蓄能等大型快速调节机组，风电调峰只能依靠常规火电机组及水电机组。据统计，甘肃电网可调峰机组容量约 1060 万 kW，占总装机容量的

25%。其中，火电机组 800 万 kW、水电机组 260 万 kW。受到水电、火电机组运行方式及检修等因素影响，甘肃省实际最大调峰能力仅为 500 万 kW，风力发电受调峰能力的严重限制，存在有电发不出的问题。

4. 跨省跨区消纳机制不畅，新能源消纳空间受限

目前，西北电网只有天中、银东、灵绍、祁韶、德宝和灵宝 6 条跨区直流通道。6 条通道中，只有 ±800kV 祁韶特高压直流输电工程（原 ±800kV 酒湖特高压直流输电工程）起于甘肃。由于西北各省电力市场普遍供大于求，外送通道争取困难，对甘肃风电消纳造成了较大影响。受宏观经济形势影响，省外售电市场也出现了供大于求的现象，部分地区为了保证地方利益和省内企业利益，减少外购电量，跨省交易和新能源消纳的难度随之增加。

二、河西地区清洁能源产业发展思路、目标及空间布局

（一）产业发展思路

按照"多能协同、控制总量、优化结构、提高效益"的思路，以构建清洁低碳、安全高效且可持续的能源供应体系为目标，提高清洁能源的生产率和利用率。加快河西走廊清洁能源基地建设，坚持集中与分散开发并重，就地消纳和外送并举，做强存量、优化增量，合理控制风电、光电开发节奏。大力推进能源供给侧结构性改革，促进风电、光电、生物质能等多种可再生能源互补融合发展，加快清洁能源关键技术开发与应用，探索制造业、农业与光伏发电互补发展，清洁能源电力转化为热能、冷能、氢能等新模式，加快建立多能协同互补、清洁低碳安全高效可持续的能源供应体系。

（二）产业发展目标

到 2025 年，基本建成河西清洁能源基地，加快区域综合性能源通道建设，新能源和可再生能源产业发展取得显著成效，新能源产业对经济社会发展的支撑和保障能力不断提高。具体包括以下几个方面。

1. 构建"五位一体"清洁能源体系，推进多能协同互补发展

到 2025 年，河西地区通过加快发展核产业、有序发展风电、多元发展光电、规范水电开发、有序发展地热能和生物质能，初步形成风、光、水、火、核产业群聚集，建立风、光、水、火、核"五位一体"的绿色能源体系。

2. 持续推动能源消费结构调整，进一步提升清洁能源消费占比

按照"宜电则电、宜气则气、宜煤则煤"的原则，不断扩大清洁能源在工业、交通、供暖等领域的应用，持续优化能源消费结构，加快清洁低碳转型，持续推进城乡用能方式转变，逐步形成节能环保、便捷高效、技术可行及广泛应用的清洁能源消费市场。到 2025 年，可再生能源装机占电力总装机的比例接近 65%，非化石能源占一次能源消费的比例超过 23%。

3. 有效解决新能源消纳问题，优化清洁能源产业结构

通过优化电网调度、深挖省内外调峰资源、开展跨省区交易、实施规模化替代发电等措施有效解决新能源消纳问题。在此基础上，因地制宜发展风电、光电、太阳能发电、生物质能和地热能等新能源，形成"发输（配）储用造"合理配套的清洁能源产业结构。

到 2035 年，河西地区成为全国重要的新能源基地，新能源弃风、弃光问题得到实质解决。建成多能协同互补的高效能源供应体系，打造全国光热示范基地，建设国家大型核能开发技术基地，因地制宜开发生物质能、地热能等资源，积极推动抽水蓄能电站建设，形成风、光、水、火、核"五位一体"绿色能源体系。全面转变能源消费方式，围绕大气污染防治、乡村振兴等战略，清洁能源在民生领域的应用比例大幅提高，形成政府推动、市场引导、企业实施、公众参与的清洁能源消费机制。清洁能源产业成为甘肃省重要的支柱产业，成为支撑河西地区及全省后发赶超、转型跨越的经济增长点。

三、河西地区清洁能源产业发展对策建议

（一）加强统筹规划，全力推进清洁能源产业可持续发展

1. 加强顶层规划设计，实现统筹有序发展

"十二五"以来全省新能源装机增加约 1879 万 kW，但规划布局、发展节奏和整体调控等环节存在一些问题，一定程度上造成了现阶段弃光、弃风、限电

的产业困局。今后新能源的发展应当在国家及全省统一规划下有序发展，建设规模和速度应当与市场消纳、负荷水平、电网建设协调一致。对资源条件要认真论证分析，规划要科学合理，避免无序开发，切实做到新能源开发建设科学合理布局、规范有序发展。

2. 坚持新能源产业"五个优先"原则

产业发展优先，坚定实施国家新能源战略，科学规划，合理布局，优先扶持，实现可持续发展。企业发电优先，建立新能源企业优先发电机制，充分预留发电空间，确保新能源企业优先发电权。上网优先，保证新能源整体上网、优先上网。就地消纳优先，多措并举，提高新能源就地消纳能力。政策扶持优先，全面落实现有优惠政策，积极争取新的支持政策，为新能源发展打开绿灯、提供方便。

3. 加快国家新能源综合示范区建设

国家发展和改革委员会、国家能源局已将甘肃省列为国家新能源综合示范区。甘肃省应抓住这一有利契机，争取国家在化解产能和产业转移、投资政策、电价等方面重点倾斜支持，积极推进产业承接转移工作，促使工业项目尽快落地，助推甘肃省新能源大基地建设。探索清洁能源电力转化为热能、冷能、氢能，实现清洁能源多途径就近高效利用。加快建设敦煌100%可再生能源应用示范城市，力争实现100%消费新能源。

（二）建立健全新能源消纳转换机制，努力提升新能源消纳水平

1. 加快转变能源消费方式

拓宽新能源清洁供暖项目投融资渠道，推进新能源清洁供暖试点范围。鼓励居民以电能替代石化、煤炭能源的消费，增加居民用电量，改变生活方式，提高生活质量。加快充电桩、站布局和建设，大力推广新能源汽车的使用，实现新能源多途径、就近高效利用。

2. 充分发挥灵活交易机制，推动新能源跨省跨区消纳

落实利用好国家可再生能源就近消纳、全部放开规模以上工业企业参与电力市场化交易等政策，在政府主管部门的指导下，积极开展省内新能源电厂替代自备电厂发电。甘肃省电力公司积极向国家电网公司等上级单位汇报沟通，努力争取省外用电市场，扩大外送规模。

3.优化全网调度策略,充分利用省内外调峰资源

深挖省内调峰能力,优化全网调度策略,发挥大电网统一调配优势,充分利用外省调峰资源,充分发挥灵活交易机制,开展省内及跨省区发电权交易,积极拓宽外送空间,推动新能源跨省跨区消纳。

4.加大新能源替代燃煤自备电厂发电

兼顾自备电厂、电网企业、新能源发电与高载能企业方利益,深入挖掘自备电厂调峰潜力,继续加大与酒钢集团、兰州铝业有限公司、金川集团股份有限公司、中国石油天然气股份有限公司玉门油田分公司等自备电厂企业和新能源企业开展交易。

5.大力发展现代高载能产业

借鉴相邻省份的做法,积极向国家争取差别电价优惠政策,同时采取大用户直购电措施,不断降低高载能产业用电成本,吸引企业来甘肃省投资兴业。鼓励符合产业政策和环保达标的高载能产业用电,提高企业电力消纳比例。构建新能源产业与高载能产业之间的新兴产业链,以多种方式联合,提高整体协作配套能力。加快有色金属、冶金、新材料及精细化工基地建设,合理布局建设一批上下游产业一体化循环发展、附加值高的先进用电项目。

(三)完善电网基础设施建设,进一步提高电力外送能力

1.构建稳定的能源外送机制

通过制定外送电市场交易规则、交易机制、管理方式,扩大外送电规模,打破新能源发展的瓶颈,确保外送新能源电力通道畅通。

2.进一步提高调峰调频能力

加大抽水蓄能电站建设力度,提高调峰容量。鼓励自备电厂承担更多的社会责任,履行相应的调峰义务。尽早出台相关政策,解决自备电厂承担调峰、调频、电力平衡的利益问题,促使其承担更多社会责任,为新能源消纳作出应有贡献。

3.加强清洁能源基础设施建设,争取建设更多外送通道

酒泉至湖南的 ±800kV 祁韶特高压直流输电工程、河西走廊750kV 第三回

线加强工程、陇东至山东的 ±800kV 特高压直流输电工程等电力外送工程项目的建设,将极大地提高河西地区向甘肃省中东部负荷中心的送电能力,并为周边特高压直流外送创造有利条件,每年可增加河西地区外送电量 95 亿 kW·h,有力解决了甘肃省新能源消纳与发展问题。

4. 推动全球能源互联网中国西部示范基地建设

按照全球能源互联网"特高压 + 智能电网 + 清洁能源"的模式,充分发挥甘肃省新能源装机规模大、智能电网技术不断突破、交直流特高压电网优势即将形成等条件,积极推动甘肃省建设全球能源互联网中国西部示范基地,大幅提升新能源开发利用效率。

(四)加快转变能源消费方式,推进多能协同互补发展

1. 加快转变能源消费方式

围绕大气污染防治、乡村振兴等战略,加强清洁能源在民生领域的应用,采取经济适用的方式,满足城乡群众用能需求,改善城乡环境,切实提高群众获得感。按照"宜电则电、宜气则气、宜煤则煤"的原则,大力推进清洁供暖,利用电采暖、天然气供暖、热电联产等方式,逐步代替燃煤散烧。加快城市电动汽车充电基础设施建设,大力推广新能源汽车。加快与建筑相结合的分布式能源发展。大力实施光伏工程,壮大村集体收入。发挥市场配置资源的决定性作用,完善政策扶持体系,引导能源消费方式转变,加快清洁能源替代,形成政府推动、市场引导、企业实施、公众参与的清洁能源消费机制。

2. 推进多能协同互补发展

在新建城镇、产业园区、大型公用设施和商务区等新增用能区域,加强终端供能系统统筹规划和一体化建设。优化布局电力、燃气、热力、供冷和供水管廊等基础设施,通过天然气热电冷三联供、分布式可再生能源和能源智能微网等方式实现多能互补与协同供应,建立配套电力调度、市场交易和价格机制,统筹推进集中式和分布式储能电站建设,推进储能聚合、储能共享等新兴业态,最大化利用储能资源,充分发挥储能的调峰、调频和备用多类效益。提高清洁能源消费比例,建立起清洁能源为主导的风、光、水、火、核"五位一体"、多能协同互补的绿色能源体系。

第九章 | 数字经济发展路径

一、甘肃省数字经济发展概况

数字经济是现代化经济体系的重要组成，包括数字产业化和产业数字化。数字产业化，是数字经济基础部分，即信息产业，具体业态包括电子信息制造业、软件与信息技术服务业、信息通信业等；产业数字化，是数字经济融合部分，即传统产业由于应用数字技术所带来的产出增长和效率提升，具体业态包括以智能制造、工业互联网等为代表的工业融合新业态，以精准农业、农村电商等为代表的农业融合新业态，以移动支付、共享经济等为代表的服务业融合新业态。

（一）发展现状

2018年甘肃省数字经济总量约为1600亿元，数字经济增速超过10%，远高于同期 GDP 增速，数字经济占 GDP 比例超过20%。总体呈现如下发展特点。

1. 支持政策陆续出台

先后出台《甘肃省促进大数据发展三年行动计划（2017—2019 年）》《甘肃省大数据产业"十三五"规划》《甘肃省数据信息产业发展专项行动计划》《甘肃省新一代人工智能发展实施方案》《甘肃省网络空间安全纲要》《甘肃省人民政府办公厅关于进一步支持 5G 通信网建设发展的意见》等一系列引导和支持数字经济发展的指导文件，全省各级各部门按照高质量发展的要求，将数据信息产业作为绿色发展崛起的主攻方向之一，着力建设丝绸之路信息港和丝绸之路知识产权港。

2. 基础设施逐步完善

河西地区初步建成了覆盖金昌、张掖、酒泉等河西地区重点城市的丝绸之路信息港云计算数据中心集群。

金昌紫金云产业园区数据中心项目是甘肃省"十三五"信息化发展规划确定的重点项目,被确定为 2017 年新建、2018 年和 2019 年续建的甘肃省重大建设项目,也被工业和信息化部确定为制造业与互联网融合发展试点示范项目。金昌紫金云产业园区数据中心目前属于国际 T3 标准、5A 级绿色等级标准的数据中心,顺利通过 Uptime TierⅢ认证。

张掖投资建设的华为云计算大数据中心项目,着力打造张掖市数字化云底座,构建产业云基地,部署大数据云平台,借助华为公司在云计算、大数据、人工智能领域的技术实力和资源优势,全面推动当地绿色生态农业、新兴生态工业、全域全季生态旅游业及智能终端产业实现智能化升级,共建区域云生态体系,推动区域数字经济产业发展。

酒泉通过积极引入以浪潮集团为龙头的国内优秀云计算、大数据企业,建设酒泉云计算(大数据)中心,设计建设国内一流、高科技、低成本、绿色节能的中大型数据中心(园区),积极打造丝绸之路云计算、大数据走廊和丝绸之路信息港重要节点,成为国内和区域内重要的云计算、大数据应用创新示范基地。

3. 产业应用不断丰富

在医疗健康领域,甘肃省已建成覆盖省、市、县、乡、村五级医疗机构卫生健康网络体系,将全省 267 家公立医院、1768 家乡镇卫生院及社区卫生服务机构、15 451 个村卫生室接入全民健康信息平台,并实现全员人口数据库、居民电子健康档案、电子病历等数据库互联互通,每日采集各类数据达 4000万条,支持公共卫生医疗服务和综合管理等应用,健康医疗大数据优势逐步显现。

在文化旅游领域,甘肃省文化和旅游大数据交换共享平台整合接入了电信、移动、联通、银联、交通、气象、环保、景区等数据,并在全国范围内首先并唯一实现了公安住宿数据和民航客流数据的整合接入,实现了不同平台之间数据信息资源的比对、交换与共享。通过大数据细粒度分析、数据预测、比对分析模型等研发工作,可以使平台的数据服务于全省文化旅游业,提升甘肃文化和旅游大数据价值。

在文化创意领域,"数字敦煌展"已经走出敦煌、走向世界,取得了良好的社会效益。甘肃省文化资源云平台是全国第一个涵盖省级文化资源的大型数据库,是对本土文化资源的一次家底盘点和准确掌握,旨在为科学评估、分级管理、有效保护和合理开发本土文化资源提供数据支持。

（二）存在问题

一是省级层面统筹规划不够，政府引导性示范应用较为分散，电子政务"层云密布""专网林立"仍然存在，社会治理各领域数字化应用深度不足，区域、城乡数字化发展不平衡且尚未形成合力。数据与关联产业融合、向传统产业渗透程度不高，特别是在推动数据信息产业与能源电力、钢铁冶金、机械装备等传统特色优势行业融合方面尚未形成有效方案，实体经济信息化、智能化升级工作尚处于初步探索阶段。

二是数据资源集聚与开放体系尚不成熟，数据资源共享机制还不完善，数据平台相互割裂，数据标准不够统一，重点领域数据监管机制尚未建立，重点产业与核心企业还存在数据孤岛，政府数据开放滞后，数据价值未能得到有效挖掘。

三是数字经济尚未形成集聚发展态势，缺乏龙头骨干企业，尤其是具有开拓创新和行业影响力的领军企业严重不足，缺少在行业内广泛认可应用的信息化、智能化解决方案，无法为传统产业发展提供行业引领和示范作用。企业普遍处于单打独斗状态，数据信息企业与关联企业协同发展水平较低，难以形成产业发展合力，市场综合竞争优势不足。

四是现有数字经济产品、服务和解决方案市场发育不充分、不活跃，本地企业培育和外地企业招引困难重重，本地大量应用需求不能有效转化为本省产业应用市场，本省产业应用市场不能转化为本省产业收益。

二、河西地区发展数字经济的总体思路

（一）基本思路

具体来说，"十四五"期间应结合河西地区发展实际和长远发展需求，打好基础、力求实效、稳步发展，以技术应用创新与体制机制创新为主要引领和支撑，以 5G 为代表的新一代信息网络应用为主要载体，以突出人工智能应用和大数据产业为重点，全力推动数字经济与实体经济深度融合，大力推进数字产业化、产业数字化发展，大力提升数字化治理水平，努力构建区域新经济体系，切实推动河西地区经济发展由投资驱动、资源驱动向数据驱动、知识驱动、创新驱动转变，将数字经济作为全面引领河西地区经济社会发展的绿色新引擎，为地区乃至全省经济社会持续健康高质量发展提供有力支撑。

（二）发展定位

1. 国家制造业数字化发展示范区

依托河西地区有色冶金、能源化工和装备制造等传统优势制造业开展先行先试，创新工业化、信息化融合发展模式和体制机制，激活各类数据资源和产业要素，探索数字技术赋能传统工业的最优路径，促进数字经济与实体经济深度、高效融合，打造技术创新能力突出、融合应用成效明显、发展体系健全、总体规模区域领先的制造业数字化发展新格局，使数字经济成为带动地区传统产业转型升级的新动能和经济转型发展的主导力量，推动区域工业经济高质量发展。

2. 丝路数字文旅产业发展先行区

紧抓国家"一带一路"倡议机遇，让敦煌文化叩响丝路各地群众民心相通的大门、让绝美风光拨动国内青年一代饱览感悟祖国大好河山的心弦，借助数字手段促进灿烂悠久的丝路文化与绚丽多彩的自然景观深度融合，全面推动河西地区全域旅游、全时旅游、全景旅游、全季旅游快速发展，深度挖掘甘肃省文化旅游产业规模效益潜力。借助数字手段推动文旅业态全面升级，打造"交响丝路、如意甘肃"品牌，前瞻布局高端艺术品拍卖、国际奢侈品品牌新品发布首秀等文旅新型业态，探索敦煌航空口岸落地签、甘青环线一机游等便捷机制，以数字经济的国际化发展推动丝绸之路数字文旅产业发展，辐射和带动其他经济领域的深层次国际交流与合作，不断提升甘肃对丝绸之路经济带建设的贡献度，将甘肃打造成为数字文旅产业发展的先行区。

三、甘肃省河西地区发展数字经济的重点方向

（一）发展数字经济基础产业，夯实数字经济发展新载体

以 5G、人工智能、工业互联网和物联网为代表的新型基础设施，本质上是数字化的基础设施。随着物联网推动的万物互联，全球范围的网络连接终端数量大幅增加，数字技术与网络技术相融合，生成的数据呈现指数型增长，云计算、大数据、人工智能、物联网和区块链等新一代信息技术支撑的数字经济进入快速发展阶段。党的十九大报告提出了建设数字强国的战略目标，以新一代信息技术产业化应用为标志的数字经济，需要一套完整的数字化基础设施作为支撑。2019年，是我国 5G 商业化推广的元年，以数字化为核心的新型基础设施建设将有力

助推甘肃省数字经济的发展。

1. 加快建设完善数据信息基础设施

进一步完善信息通信网络基础设施建设。继续推进全社会的信息化水平，不断完善宽带光纤、新一代移动通信网、下一代互联网、数字电视网等信息基础设施，加快部署建设 5G 网络。

切实推进政务数据开放共享工程建设。深入推进政府管理体制机制创新，推进数字政府建设。统筹推进政府跨部门政务数据资源共享应用，加快落实国家政务信息系统整合共享实施方案。

加快推进区域数据中心或国家备份数据中心建设。支持电信运营商、行业龙头企业利用甘肃河西地区空间、气候和能源优势建设新型绿色数据中心，争取建成面向丝绸之路的离岸数据中心。面向丝绸之路经济带合作伙伴的大数据产业发展和应用需求，打造区域数据集聚地和跨境离岸数据中心，形成承接丝绸之路经济带合作伙伴数据存储、计算、传输等业务的基础能力。

2. 加快推进数据资源与服务体系建设

突出数据信息资源的基础和核心要素地位，加快完善数据信息资源从多元归集、整合共享、开放流通到社会应用的完整链条，构建统一高效、互联互通、安全可靠的大数据信息资源体系。

3. 积极承接东部沿海地区电子工业转移

大力发展智能终端制造业。积极对接丝绸之路合作伙伴需求，引进百度、腾讯、阿里巴巴等数字经济领域的引领型巨头企业，帮助培育本地化的骨干企业和新型产品生产线，加快完善产业链，推进张掖市、酒泉市、嘉峪关市和武威市新型中高端电子产品、新型显示器、汽车电子、智能终端设备等数字装备制造基地建设，培育形成全省数字经济增长极。

（二）加快工业智能制造升级，催生数字经济增长新动能

甘肃河西地区的有色冶金、能源化工和装备制造等产业技术创新水平一直以来走在国内前列，在流程设计、工艺革新、设备管控、数据集成和建模分析等方面保持着较强的技术领先优势，且目前甘肃省内已有多家龙头企业涉足研发，提供工业数字化解决方案并获得行业认可。这就为甘肃省依托多年来工业技术优势推进制造业数字化转型、抢占工业互联网建设先机、促进工业数字经济快速崛起

带来重要的机遇期与宝贵的窗口期。

在"十四五"发展期间，应深入贯彻落实《中国制造2050》规划，充分利用自动化、物联网、车联网和智能装备技术在优化生产流程及提升作业效率上的显著优势，聚焦工业互联网和智能制造主攻方向，以工业企业数字化能力提升为重点，推进数字技术与工业技术深度融合，推动"互联网＋工业"新模式，系统构建工业数字化网络、平台、安全体系。

1. 培育工业数字经济新增长点

推动工业软件和行业通用平台研发。重点突破能源化工、有色冶炼和装备制造等重点行业工业软件关键核心技术，研发"互联网＋"工业云体系架构与标准体系，构建知识、数据、服务等资源库。构建面向行业的工业云服务平台，提供数据驱动的流程管理、工艺再造、业务协同和能源管控等服务。

推动区域工业互联网示范建设。加强工业信息化基础设施建设规划与布局，推动信息化、智能化在产品全生命周期和全产业链的应用，推进工业大数据与自动控制和感知硬件、工业核心软件、工业互联网、工业云和智能服务平台融合发展，形成数据驱动的工业发展新模式，探索建立工业大数据中心。

推动工业数字化服务业发展。支持第三方检测机构研究开发面向工业云平台的安全检测技术和方法，建设工业云评价模型。支持第三方机构针对能源电力、钢铁冶金和机械装备等重点行业建设绿色制造服务平台。

推进工业信息化全流程应用。支持金昌集团、酒钢集团等工业重点企业提升信息化和工业化深度融合发展水平，助推工业转型升级。增强研发设计信息化应用能力，促进基于数据和知识的创新设计，提升研发效率。

2. 全面提升工业数字化水平

推进网络协同制造试点示范。支持企业与相关高校、科研院所组建跨机构、跨领域甚至跨地域的网络协同设计中心，联合开展工业设计业务合作。

大力支持企业进行数字化改造。引导和支持重点企业加快构建基于工业互联网的生产经营体系。支持企业围绕产品设计研发、生产过程控制、市场营销、运营管理、客户服务等环节加大数字技术和互联网技术应用。

（三）发展现代丝路寒旱农业，打造智慧农业发展新形态

甘肃地形地貌复杂，气候类型多样，具有干旱高寒、光照时间长、昼夜温差大和天干地不干等特点，发展现代丝路寒旱农业拥有多重潜能。"寒旱"就是通

过反弹琵琶、扬长避短，提质增效，不断放大强化寒区旱区蕴藏的绿色有机特质，立足"独一份""特别特""好中优""错峰头"农产品资源优势，依靠数字化技术在农业全产业链的应用，打造"好生态、好品质、好享受"的高价值农产品服务，打响具有甘肃特色的"现代丝路寒旱农业"品牌。

在"十四五"发展期间，河西地区应以"高质量"发展为出发点，以"高品质"农产品供给为落脚点，借助数字化技术的全产业链应用引领带动农业产业的现代化、绿色化、产业化、高值化发展，应依托多年来在特色种植、特色养殖产业累积的经验技艺，充分利用云计算、传感网、"3S"等多种信息技术建设智慧农业解决方案，实现农产品从选种、育苗到生产管理、订购销售、物流配送、质量安全溯源等产、供、销全过程的高效感知及可控，达到更完备的信息化基础支撑、更透彻的农业信息感知、更集中的数据资源、更广泛的互联互通、更深入的智能控制、更贴心的公众服务、更高的产业附加值，促进甘肃省传统农业向智慧农业转变，促进数据信息企业由普适化信息提供商向智慧农业系统化解决服务商转变。

1. 构建农业数字化生产体系

建设丝路寒旱农业大数据资源中心。整合汇聚甘肃涉农部门数据和农业生产数据、价格数据、统计数据、进出口数据、气象数据等各类数据，为农业生产和科技创新提供数据支持。

大力推进农业大数据及农业物联网应用。重点推进农、林、牧产业数据资源采集、融汇与整合应用，加快推进建设省级农业物联网综合服务平台，建设与完善重点农产品市场信息和预警分析平台。

开展特色优势数字化示范基地建设。优先选择玉米制种、高原夏菜、畜禽养殖和优质林果等产业，依托现有示范园区推进一批数字化农业示范基地建设。支持在全省高原夏菜、玉米、马铃薯、中药材、林果等规模化生产地区，开展数字化种植业生产示范。

2. 推进农业管理服务数字化

加强农业生产经营全程数字化试点示范。重点在林果业及中药材、高原夏菜和马铃薯种植等产业应用物联网技术，实现水肥一体化的精准管理、环境的自动调控及病虫害的智能监测、远程诊断和预测预警；在河西地区粮食主产区构建农业物联网测控体系，实施智能病虫统防统治、节水灌溉、耕地地力评价、测土配方施肥、农机定位耕种等精准化作业，推进标准化生产、精准化管理和社会化服务。

完善农产品质量安全溯源管理系统。推动全省农产品质量安全追溯管理规范，加快推动移动互联网、物联网、RFID技术和二维码标识等在生产、流通、仓储、销售各环节的推广应用，建立"源头可追溯、安全可预警、产品可召回、责任可追究"的全程追溯体系。

3. 大力发展农村电子商务

全面实施国家"信息进村入户工程"，加快推进益农信息社与农村电商服务点融合发展，推动形成以"农产品上行为主、工业品下行为辅"的电子商务路径，构建农产品冷链物流、信息流、资金流等网络化运营体系。

（四）探索数字文旅发展模式，汇聚旅游产业井喷新能量

河西地区一直以绝美的自然地貌和独特的丝路文化在中国游客群体中享有盛誉，甘肃省旅游接待人数和旅游综合收入已连续多年保持 20% 以上的增长率，文旅产业已成为甘肃十大生态产业的首位产业。伴随着大众旅游时代的到来，以"文化＋旅游＋科技"为发展趋势的中国数字文旅的时代也已到来，综艺文化节目《国家宝藏》、故宫 600 年来首度夜间开放、上海博物馆试点夜游项目等举措，都是充分利用了数字技术的发展。数字经济将不断向外延展文旅的产业边界，推动"文旅＋"的产业融合发展，正成为推动文化旅游转型升级的重要引擎。数字化、智能化已渗透到文旅产业的服务、管理、体验、营销等各个环节，正成为引领推动全域旅游发展、打造数字旅游场景、满足用户个性化深度体验、优化公众服务水平、扩大传播营销范围的基础支持力量，数字经济对于文旅产业将产生"如虎添翼"式的促进提升效果。

在"十四五"发展期间，河西地区应敏锐把握"数字文旅"发展趋势与新兴动向，大力推进全产业链数字产品建设，涵盖游客、政府、景区、文化机构等多个数字业态，以穿透性的数据与技术作为核心驱动方式，通过数字化手段提供个性化服务，链接不同消费场景进行无缝整合，助力打造全域旅游、全景旅游、全时旅游、全季旅游，同时开拓智能供给、重整供应链条，致力于将数字时代的消费群体转变成文化旅游的主导消费力量，助推文旅产业井喷式发展。

1. 重塑旅游体验场景

催生数字化支撑的文旅融合新业态。前瞻把握体育旅游、农业旅游、徒步旅游、交通旅游、生态旅游和夜间旅游等文旅细分领域发展动向，以文促旅、以旅彰文，让"文化自己说话"，进而把游客的兴趣点与产品开发、盈利结合起来，做大做强文旅融合新业态。

推动数字化引导的文旅产业品牌化。敏锐感知文旅产业品牌化发展动向，将

分散割裂的地域旅游名片升级打造为全省文旅产业品牌化整体运营，讲好甘肃故事、注入丝路文化、发现推广爆点、跨界整合资源、维系粉丝群体，全面升级甘肃文旅品牌化运营新思路。

打造"沉浸式互动体验"旅游产品。以全息投影、互动投影、球幕影院等为代表的数字技术和以三维建模、增强现实（AR）、虚拟现实（VR）、人工智能等为代表的场景科技，打造全新"沉浸式互动体验"旅游产品，为智慧旅游的发展开启一扇新的大门。

加强优秀历史文化资源的数字化。深入研究开发伏羲文化、大地湾文化、敦煌文化、黄河文化等历史文化资源，系统梳理大革命文化、长征文化、解放区文化等红色文化资源，以供给侧结构性改革为主线，将历史文化创新与当代社会文化消费习惯相结合，创新产品消费模式，加快发展动漫、网络文化和数字艺术展示等数字文化形式。

2. 重构旅游服务生态

重整旅游服务组织形态。推动省内旅游运营机构从单打独斗的 TA（旅行社，travel agency）形态、各自为营的 OTA（线上旅行社，online travel agency）形态、功能单一的 MTA（移动旅游助手，mobile travel assistant）形态，转向数字化平台引领的全景引客、全业留客、全时迎客和全民好客的旅游生态体系建设。

优化智慧旅游公共服务平台。建设以智慧旅游云数据中心为基础，以旅游基础信息数据库、旅游咨询与指挥调度中心为支撑的公共服务和旅游信息资源交换共享平台。建设集智慧旅游管理、智慧旅游服务和智慧旅游营销于一体的智慧旅游综合服务平台。依托区域旅游大数据平台建设，大力推进基于云计算、移动支付和车联网技术的"全域旅游直通车"分享经济平台建设。

实施智慧景区示范推广工程。依托河西地区嘉峪关关城、鸣沙山月牙泉、张掖七彩丹霞和敦煌莫高窟等重点景区，实施智慧景区示范推广工程，实现景区管理可视化、资源管理智慧化、经营管理智能化，着力构建以手机等智能移动终端应用为核心，以身份认证和信息个性化推送为特色的旅游信息服务体系。

完善智慧旅游宣传营销体系。通过微信、微博、短视频平台、直播平台和新闻资讯平台等新媒体渠道，打通头条号、网易号、搜狐号、百家号、一点资讯等自媒体账号，与微信公众号链接，形成横向覆盖、纵向到底、实时联动的自媒体矩阵。

（五）做大做强智慧能源产业，形成能源转型发展新抓手

在"十四五"发展期间，河西地区应借助规模以上工业企业参与电力市场

化交易的政策东风，深入推动互联网、云计算、大数据、人工智能与能源产业深度融合发展，加快构建"互联网＋"智慧能源体系，打造实施能源互联网工程。以互联网技术为基础，以电力系统为中心，将电力系统与天然气网络、供热网络及工业、交通、建筑系统等紧密耦合，横向实现电、气、热、可再生能源等"多源互补"，纵向实现"源、网、荷、储"各环节高度协调，生产和消费双向互动，集中与分布相结合的能源服务网络。加快发电设施、用电设施和电网智能化改造，提高能源生产、供给智能化水平和电力系统的安全性、稳定性、可靠性，探索能源消费新模式，提升新能源消纳和外送能力，提高可再生能源比例，促进能源利用结构优化，推动可再生能源与能源互联网深度融合。

1. 基于智能材料和智能传感的分布式感知，促进能源设备的智慧化升级

推动能源生产智慧化升级。建设智能风电场、智能光伏电站等设施，推进基于互联网的智慧运行云平台建设，实现可再生能源的智能化生产。重点在酒泉千万千瓦级风电基地和百万千瓦级光伏发电基地，开展大规模风电场、光伏电站集群远程监控技术研发和应用，提高风光电集群化远程控制和行业管理水平。

加快推进能源消费智慧化升级。鼓励建设以智能终端和能源灵活交易为主要特征的智能家居、智能楼宇、智能小区与智能工厂，支撑智慧城市建设。

促进智能终端及接入设施智慧化升级。发展能源互联网的智能终端高级量测系统及其配套设备，实现电能、热力、制冷等能源消费的实时计量、信息交互与主动控制。丰富智能终端高级量测系统的实施功能，促进水、气、热、电的远程自动集采集抄，实现多表合一。

2. 基于物联网构建智慧泛在能源网络，支撑分布式能源灵活接入

加快推进泛在电力物联网建设。基于物联网技术加快推进泛在电力物联网建设，围绕电力系统各个环节，充分应用移动互联、人工智能等现代信息技术、先进通信技术，实现电力系统各个环节万物互联、人机交互，支持实现状态全面感知、信息高效处理、应用便捷灵活。

促进能源接入转化与协同调控设施建设。推动不同能源网络接口设施的标准化、模块化建设，支持各种能源生产、消费设施的"即插即用"与"双向传输"，大幅提升可再生能源、分布式能源及多元化负荷的接纳能力。推动支撑电、冷、热、气、氢等多种能源形态灵活转化、高效存储、智能协同的基础设施建设。建设覆盖电网、气网、热网等智能网络的协同控制基础设施。

3. 基于边缘计算构建智慧能源终端，促进能源系统分布自治与高效运行

推进多能协同综合能源网络基础设施建设。建设以智能电网为基础，与热力管网、天然气管网、交通网络等多种类型网络互联互通，多种能源形态协同转化，集中式与分布式能源协调运行的综合能源网络。

加强支撑能源互联网的信息通信设施建设。优化能源网络中传感、信息、通信、控制等元件的布局，与能源网络各种设施实现高效配置。推进能源网络与物联网之间信息设施的连接和深度融合。

4. 基于云计算、人工智能构建能源系统智能决策体系，打造智慧能源系统

推进"源网荷储"协同调度。充分利用大数据技术发掘新能源出力波动大小、电网线路输送能力、负荷削减电量的范围和实时电价等数据内部之间的联系，通过需求侧管理实现系统电量平衡，实现"源网荷储"之间信息交互，提升电网运行的经济性、可靠性，最终实现能源互联网的快速响应与精确控制。

建立智慧能源管理系统平台。建设覆盖全省能源管理部门和重点能源企业的信息管理平台，实现能源生产消费企业的信息共享，完善能源预测预警机制。加强能源大数据技术运用，提升政府对能源重大基础设施规划的科学决策水平。

5. 基于"互联网＋"智慧能源生态体系，发展能源数据产业新业态新模式

促进能源互联网的商业模式创新。搭建能源及能源衍生品的价值流转体系，支持能源资源、设备、服务、应用的资本化、证券化，为基于"互联网＋"的B2B、B2C、C2B、C2C、O2O等多种形态的商业模式创新提供平台。

培育用户侧智慧用能新模式。完善基于互联网的智慧用能交易平台建设。建设面向智能家居、智能楼宇、智能小区与智能工厂的能源综合服务中心，实现多种能源的智能定制、主动推送和资源优化组合。

（六）推动国际合作发展，构建数字经济协同发展新格局

1. 夯实"丝绸之路"合作伙伴数字经济合作基础

牵头成立"丝绸之路"数字经济联盟。联合国家开发银行、中国进出口银行等金融机构，牵头成立"丝绸之路"数字经济联盟，推进中国与丝绸之路合作伙伴在大数据、电子商务、智慧城市和智慧医疗等领域的协同发展，支持骨干企业在当地建设国家级数据中心，为当地提供教育、金融、税务、农业和城市等智慧

数据服务，推动全球数字和金融资源整合。

2.建设"丝绸之路"信息港国际大数据运营中心

依托兰州新区等有区位和综合优势的地区，建设丝绸之路国际大数据产业园，支持入驻企业开发运营数据清洗、分析挖掘和区块链应用等业务，推动大数据跨境应用创新区和实验公共服务区建设。建设"丝绸之路"大数据交易中心、展示中心和双创服务中心，支持发展成果展示、数据交易、数据融资等新型业务。围绕"丝绸之路"国际合作，搭建数据开放服务平台、产业链监测服务平台或经济运行监测服务平台、"质量链"监测服务平台、工业互联网集成服务平台、健康大数据集成服务平台、普惠金融服务平台及综合决策指挥平台等，支撑重点领域开展面向"丝绸之路"的大数据应用示范。

四、河西地区发展数字经济的对策措施

（一）强化组织领导

成立"数字甘肃"建设领导小组，全面统筹、协调推动全省数字经济发展。研究制定《甘肃省数字经济促进条例》，探索建设全省"互联网＋监管"平台。成立甘肃省数字经济发展研究院，加强与丝绸之路经济带合作伙伴高校、科研机构、智库的沟通交流，推动产学研合作，重点开展甘肃省数字经济形势分析、政策研究，为甘肃省数字经济发展提供智力支撑。

（二）加强政策引导

研究制定《关于加快数字经济发展的若干政策措施》，统筹财政、金融、税收、人才、用能、用地、评奖等政策措施，加大对数字经济领域重大项目、产业培育和人才引进等的支持力度。

实施行业准入负面清单制度，对尚未纳入负面清单的行业一律实行无门槛准入，对于纳入负面清单的行业一律采用先照后证管理。建立高效透明的数字经济政策制定落实机制，鼓励企业、社会组织与个人参与政策制定和落实全过程，探索使用大数据挖掘分析等手段辅助政策制定，集众智实现政策引导的不断优化。

（三）深化开放合作

积极开展部省合作。对接国家发展和改革委员会、科学技术部、工业和信息化部、中共中央网络安全和信息化委员会办公室（简称中央网信办）等国家部委，建立部省合作机制，共同搭建合作平台，推动甘肃省数字经济发展战略升级、重大计划和重点项目落地。

加强国际合作。以信息资源和基础设施共建共享为切入点，以丝绸之路信息港、丝绸之路大数据产业园为载体，以数据流引领技术流、物质流、资金流、人才流汇聚融通，推进数字经济发展。鼓励和支持国内外数据信息产业知名企业在甘肃设立区域总部或创新研发中心，鼓励和支持与本土企业开展深度合作。利用中国（深圳）国际文化产业博览交易会、中国兰州投资贸易洽谈会等重要会展和高端平台，发挥政府、产业联盟、行业协会及相关中介机构作用，拓展数字经济领域国内外业务合作空间。

（四）强化人才支撑

支持数字经济领域高层次人才申报国务院政府特殊津贴等国家和省重点人才工程，培养造就一批"数字经济领军人才"。企事业单位急需紧缺的数字专业人才，可实行年薪制、协议工资制等灵活分配方式，所需经费在绩效工资总量中单列，不作为单位绩效工资调控基数，探索薪酬收入非累进制税收优惠。

完善人才激励机制，完善科技人员股权和分红激励办法，开展股权激励和科技成果转化奖励试点，支持数字经济相关企业采用期权、股权激励等方式吸引高级管理人才和技术骨干。

（五）激发创新活力

1.激励企业加大创新投入

甘肃省数字经济发展基金中单列经费，专门用于支持针对全省数字经济领域的创新奖励。引导企业建立研发准备金制度，对符合条件的数字技术企业按研发投入给予 1∶1 的后发奖补。

2.支持创新平台建设

优先支持数字技术企业建设国家重点实验室、技术创新中心和产业创新中心等创新平台，对新获批的创新平台给予最高 3000 万元的贴息、奖补或股权投入；对于承担国家重点科研项目的最高给予 1：1 匹配；而对列入省级重点支持的产业互联网平台，省财政可以考虑给予最高 1000 万元的贴息、奖补或股权投入；列入国家工业互联网平台的给予最高 3000 万元的贴息、奖补或股权投入。

（六）加大资金支持

在省绿色生态产业发展基金的框架下，设立甘肃省数字经济发展专项基金，引导有条件的河西地区市（州）设立数字经济子基金，重点支持数字经济重点工程、重点领域和重点项目建设，支持数字经济重点企业发展，支持数字园区、示范基地建设。积极引导社会资本投入，形成资金合力，切实解决数字经济企业融资困难的问题。

下 篇

祁连山－河西地区保护与发展专题研究

专题一 黑河流域张掖段水安全问题及对策建议①

水资源是河西走廊环境与发展的主导因素，黑河是河西走廊最重要的水源之一。近年来，黑河流域张掖段不断创新水资源管理，坚持以水定需、因水制宜，促进人口经济与资源环境相均衡，以水资源利用效率与效益的全面提升推动经济增长和转型升级。由于黑河水资源的天然短缺与中下游绿洲发展对水资源需求的增长，黑河流域水资源供需平衡的水安全风险日渐突出。中国科学院西北生态环境资源研究院以张掖为重点，开展了黑河流域水资源利用的专项野外考察与座谈调研，对黑河流域张掖市水资源安全和风险问题进行了评估，提出相关建议以供决策。

一、黑河流域水资源概况

黑河流域水资源开发利用历史悠久，由于水土资源不协调，中下游一直存在用水矛盾，甚至一度由于中游绿洲对水资源的大规模利用，导致下游生态环境恶化，居延海干涸。1992 年实施分水方案以来，下游额济纳旗核心绿洲生态恶化初步得到缓解，东居延海水域面积达到 50 多平方千米。近年，黑河流域属于偏丰水期，据《2018—2019 年度黑河干流分水方案》，中游莺落峡来水 19.90 亿 m³，下游分水占到 71.8%。

二、水安全现状与存在问题

（一）因气候变化短期降水有望增加，但长远面临水资源危机

河西走廊气候干旱、降水稀少、蒸发强烈，属于典型资源型缺水地区，是气

---

① 本专题作者：王鹏龙，徐冰鑫。

候变化极度敏感区。中国科学院院士秦大河研究指出我国西北地区变暖强度高于全国平均水平，施雅风院士亦指出西北气候由暖干向暖湿转型明显。《中国气候变化蓝皮书（2019）》表明，西北内陆河流域地表水资源量总体表现为增加趋势。全球气候变化下，西北地区总体呈暖湿化趋势，河西走廊地区气温趋于上升，降水有所增加。受气温上升影响，祁连山雪线明显上升，冰川急剧萎缩，近年祁连山冰川融水已比 20 世纪 70 年代减少了约 10 亿 m^3，长远看，水安全态势恐将引起生态危机。

（二）用水总量趋于稳定，供需形势依然严峻

黑河流域地表水、地下水资源量和水资源总量维持区间波动，主要受降水量变化影响。张掖市近 5 年水资源总量维持在 33 亿 m^3 左右，用水总量在 22 亿 m^3 左右，其中农业用水占 90% 以上，工业用水不到 2%。流域生态需水较多，现状生态用水明显不足，尽管近年张掖市生态用水有所提高，但距离保障生态安全的需水量相差甚远，导致荒漠化加剧。据研究，黑河流域生态需水量为 13.13 亿 ~ 15.6 亿 m^3，生态缺水达 8.93 亿 ~ 11.4 亿 m^3。农业灌溉和工业用水效率有所提高，对用水需求具有一定的缓解作用，但随着未来城镇化及工业化的发展，水资源供需形势依然严峻。

（三）水资源对发展约束趋紧，当前水平下开发潜力有限

当前发展水平下，张掖市各县（区）水资源对社会经济的承载力已临近饱和，且水利设施的建设与完善使得水资源开发程度已经很高，开发潜力有限。据国家发展和改革委员会《资源环境承载能力监测预警技术方法（试行）》，对 2017 年张掖市各县（区）水资源承载力进行评价发现，在用水总量方面，民乐县用水总量已经超载，其余县（区）超过用水控制目标的 90%。在地下水开发利用方面，甘州区和民乐县已经超载，其余县（区）面临超载。甘肃省住房和城乡建设厅从水资源负载指数分析得出，张掖市处于水资源利用程度高但潜力不大、开发条件很困难阶段。

（四）未来区域存在潜在水安全风险

黑河分水之所以能够连续 10 多年成功执行，一个重要原因是巧遇丰水条件。莺落峡多年平均径流量 15.8 亿 m^3，2002 年以来平均径流量达到 18.8 亿 m^3，属

于连续偏丰。如此有利水源条件下，才勉强完成分水曲线任务，中下游矛盾逐渐增加。黑河具有连续丰水和枯水的特点，若进入枯水期，中下游的分水矛盾将更加激化。当前，中游张掖市社会经济对水资源的利用已接近极限，且地下水过度开采，既影响可持续利用，又造成区域生态安全风险。虽然近年实施流域综合治理，关闭一大批机井，地下水位得到一定程度恢复，但地下水位下降依然严重，2017 年张掖市地下水超采面积达 2418.3 km^2。

（五）分水方案与社会经济发展不匹配逐步显现

1992 年制定并实施的流域调水与分水方案是基于当年的社会经济发展水平，如今中下游各地区发展已出现区域差异，水资源管理与用水存在区域间不匹配问题。例如，《黑河干流（含梨园河）水量分配方案》已实施多年，当前，中游灌区耕地面积已是 2000 年的 1.5 倍，虽然张掖市在产业结构、节水措施和制度创新方面取得显著进展，但用水矛盾依然突出。山丹县人均水资源占有量不足 600 m^3，低于民勤人均水资源占有量，经济社会发展用水矛盾日益突出。肃南县当前用水上限不足 1 亿 m^3，农牧民转型发展产业受限。从中－下游看，大量水资源从黑河中游长距离调运至下游，但很大部分被用于耕地开垦，且下游尾闾区域水资源无效蒸发损失严重，年无效蒸发量达 1.3 亿 m^3 左右。额济纳旗地区用水效率远低于中游，投入产出效益低。

（六）以水权为主体的管理体系仍有提升空间

张掖市建立了以水权和水价为主，结合用水者协会的集成管理机制。在水权配置、水票发放、成立用水者协会等方面制定了 20 多项制度，成立了近 800 个农民用水者协会，将黑河用水权有序落实到县、镇、各行业用水户，推出了"农民用水者协会＋水票"的农业用水权配置流转运作模式，但实施效果并不好。流域以行政区经济为主的利益导向片面地追求地区利益最大化，忽视了流域整体利益。上下游在水价管理、用水定额管理、取水许可、水资源有偿使用配套制度等方面监督管理不到位，权责不明。水权交易法律体系不完善，政府主导初始水权配置未充分体现生态用水重要性，导致农业用水挤占生态用水。水权交易受限，水权分配到农户，水权分散、体量太小而难以实现交易，同时，农户灌溉用水时间大体相同也限制了水权交易，导致张掖市水权市场长期"有价无市"，难以促进水资源节约与高效配置。

三、应对水安全的对策建议

（一）强化地表水－地下水综合调度与开发利用

黑河流域地表水和地下水之间转化关系复杂，张掖市重复计算量占到总量的 60% 以上，而全流域约达到 90%。而且地表水灌溉中约 30% 的水资源重新补给地下水，而这些地下水有可能以打井的方式被重新开发利用。为解决中游张掖及下游地下水补排失衡的"跷跷板"现象，需综合考虑地下水与地表水之间的相互转换特点。地表水－地下水联合调度可以提供稳定的可供水量并控制地下水位，从而减少干旱区水资源时空差异。需开发综合水循环过程和生态安全的集成模型及联合调度信息和管理模式，科学评估丰枯年份流域水资源变化及调控途径。争取中游实现"细水长流"方式，促进地表水－地下水相互转换，提高水资源重复利用率。进行地下水系统更新和利用强度分区，制定区域、季节和年际地下水人工回补制度，实现地下水采补平衡。

（二）以水资源承载力刚性约束促进以水定发展

未来的水资源状况不足以支持平均状况下分配给下游 9.5 亿 m^3 水量的同时，依然维持扩张的中游绿洲。张掖市需要严格执行水资源承载力刚性约束，深入实施以水定发展的原则。以县域为单元开展水资源承载力评价，建立预警体系，强化水资源承载力对经济社会发展的刚性约束。健全规划和建设项目水资源论证制度，完善规划水资源论证相关政策措施。各县（区）需重点推进重大产业布局和各类开发区规划水资源论证，严格建设项目水资源论证和取水许可管理，从严核定许可水量，对取用水总量已达到或超过控制指标的地区暂停审批新增取水，地下水超采区禁止新增地下水取水。

（三）优化流域调水方案并进行精细化综合管理

在当前黑河来水处于连续偏丰的情况下，中游张掖市勉强完成向下游的分水指标，而分水方案已执行多年，已不完全符合上下游及中游区域内的社会经济发展需求。而且下游水资源利用率低，据中国科学院西北生态环境资源研究院王涛研究员的研究成果，若将额济纳盆地耕地耗水投入中游农业生产可产出 6.1 倍的经济效益，若投入中游农业、工业等综合利用，经济效益是下游的 18.79 倍。应据未来上游来水条件及黄藏寺水利枢纽工程实施情况，综合考虑流域与区域间发展需求，动态调整优化分水方案。综合发挥行政调控、市场激励和大众参与等多种手段，以流域全局视野加强流域区域间、部门间调度协调，形成整体联动机制。以张掖市为主体，统筹上、中、下游关系，协调经济、社会及生态间关系，使水资源系统实现良性循环。

（四）深挖农业生产节水潜力以缓解水安全风险

当前农业是张掖市第一大用水部门，尽管全市水资源利用效率已有较大提高，2017 年农田灌溉亩均用水为 692 m³，但仍远高于甘肃省（551 m³/亩）和全国（404m³/亩）平均水平，农业节水潜力较大。张掖市 2017 年农田灌溉水有效利用系数为 0.58，若依据张掖市最严格的水资源管理指标（2030 年达到 0.65）规划要求，在保持农田面积不扩大的前提下，张掖市灌溉用水 2030 年将节水 10.5% 以上。此外，若压缩灌溉农业耕作比例，还可减少一部分农田用水。目前张掖市主要节水灌溉方式有喷滴灌、微灌、低压灌溉、渠道防渗等，张掖市 2017 年节水灌溉面积达到 280.97 万亩。喷滴灌方式节水效果最好，但由于成本高昂而实施面积最小。从节水灌溉示范看，以色列的喷滴灌和微灌技术可将亩均灌溉用水节约至 360 m³。建议在面向"一带一路"国际市场和国内高端市场的有机高附加值农产品方面先开展一批示范项目，如有机蔬菜、瓜果、花卉等，中远期逐步推广。

（五）扩大二、三产业规模以提升水资源经济效益

张掖市二、三产业规模小，且农业节水潜力大，但由于工业体量小，工业发展短期内并不能消耗额外的水资源，而用于生态所产生的有形经济价值也非常有限。因此，对于张掖市，农业节水很重要。分析发现，按照张掖市工业用水控制规划目标及三产现状用水效率，若将缩减 1 万亩农田的灌溉用水用于发展二、三产业，2030 年其二产的经济效益将是 2017 年全年二产总值的 2 倍。若用于发展三产，1 万亩灌溉用水的三产的生产总值也将是 2017 年全年的 2 倍以上。因此，在调整农产品结构、提高节水技术及缩减耕地等措施下，要将农业用水转换至二、三产业。二产在发展冶金电力、医药化工、智能制造等绿色低耗水产业时，也可布局适度规模的较高耗水产业。三产可重点聚焦生态旅游、通道物流业等领域发力。

（六）优化水权交易方式以促进水资源高效配置

首先，在初始水权分配的基础上，深化水权制度改革，培育水权交易市场，完善水权交易和水权转换制度，建立健全归属清晰、权责明确、保护严格、流转顺畅的现代水权制度，真正促使水权能够在市场流通。创新水权转换方式：流域内，中游张掖市可与下游额济纳旗开展水权转换；区域内，全市县（区）之间、灌区之间，如节水的盈科灌区与缺水的骆驼城灌区之间，可开展水权转换；行业间，农业用水向工业用水或生态用水转换。其次，规范农民用水者协会运行。通过水费、各级财政补贴等渠道建立水利激励基金，对发展高效节水农业的农民用水者协会或用水户给予补贴奖励。推进农民用水者协会的标准化、规范化建设，加强培训，改善条件，调动农民积极性。

专题二 甘肃省河西地区高标准农田建设的问题及建议[①]

2019 年中央一号文件中提出，完成高标准农田建设任务。高标准农田建设是通过工程措施，建设高农田标准、设施完善、高产稳产、生态和谐和绿色无污染的连片区域，打造出农业现代化和现代化管理相适应的农田示范区，实现与现代农业生产和经营方式的最佳契合，是当前我国确保粮食安全的重要保障和核心要素，是现代农业发展的基本方向。根据《高标准基本农田建设规范（试行）》，高标准基本农田建设必须满足以下条件要求：①符合国家发布的有关法律法规规定，符合土地、农业、水利、环保等部门的有关规定。②农田水资源有保障，水质符合农田灌溉标准，土壤适合农作物生长，无潜在土壤污染和地质灾害。③农田相对比较集中，可集中连片建设。④农田具备建设所必需的水利、交通、电力等骨干基础设施。⑤所在地区地方政府对高标准农田建设高度重视，当地农村集体经济组织和农民群众积极性高。

大力推进高标准基本农田建设，是保护耕地的重要手段，同时也是保障国家粮食安全的长久之计，是促进农业增长方式转变、提升农业整体效益的根本途径，是实现农业可持续发展的战略选择，是建设社会主义新农村和培育新型农民的现实需要，是国家财政支持"三农"工作的重要战略举措，也是新时期我国农业综合开发需要承担的重要历史使命，具有重大的现实意义和深远的战略影响。中国科学院兰州文献情报中心的研究人员根据国家相关政策，对甘肃河西地区建设高标准农田具有的优势条件、存在的问题与挑战、高标准农田建设的主要措施等进行了分析，以期为河西地区的高标准农田建设提供咨询建议。

---

①本专题作者：王勤花。

一、河西地区高标准农田建设的优势条件

（一）河西地区农田耕地地力为全省最高

甘肃省中低产田面积大、分布广，约占全省耕地总面积的85%。从区域上看，中产田主要分布在临夏州、陇南市、兰州市、武威市、定西市、白银市、平凉市、天水市、庆阳市等地区，占全省中产田总面积的94%。低产田主要分布在庆阳市、陇南市、定西市、白银市、甘南州、天水市、临夏州、平凉市及兰州市局部地区，占低产田面积的99.4%。而河西地区五地市中，以一等地为主的耕地比例为全省最高（表1，图1）。

表1　甘肃省耕地地力构成分布

地区	一等地/%	二等地/%	三等地/%	四等地/%	五等地/%
甘南州	0	2.55	19.92	21.04	56.48
陇南市	0.24	7.58	21.17	18.55	52.18
临夏州	0.49	9	54.41	27.19	8.91
庆阳市	0.57	30.18	16.12	33.27	19.86
平凉市	0.69	36.33	49.96	7.69	8.34
定西市	0.81	5.76	44.12	35.09	14.21
天水市	1.24	19.48	59.1	12.15	7.64
白银市	5.13	22.49	35.34	26.32	10.72
兰州市	11.2	51.93	16.55	11.21	9.11
甘肃省	15.04	22.44	28.62	18.22	15.68
武威市	44.96	34.95	18.12	0.23	1.74
金昌市	73.4	20.81	5.52	0.26	0
嘉峪关市	75.05	20.02	4.27	0.65	0
张掖市	76.18	21.66	1.92	0.13	0.12
酒泉市	85.96	13	1	0.01	0.03

资料来源：魏胜文，乔德华，张东伟.2018.甘肃农业绿色发展研究报告2018.北京：社会科学文献出版社

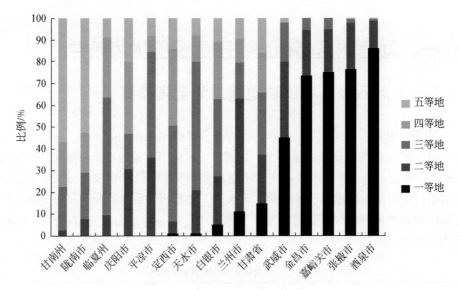

图1　甘肃省各地耕地地力构成

（二）河西地区农业抗灾害能力为全省最高

通过对2017年甘肃省各地农业受灾面积与成灾面积的分析（图2）发现，河西地区的嘉峪关市、金昌市、酒泉市三地的农业受灾面积与成灾面积最小，成灾面积占受灾面积的比例也较小，河西地区张掖市2017年的受灾面积与成灾面积、成灾面积占受灾面积比例在河西地区中较大。而从全省范围来讲，庆阳市、定西市、白银市、陇南市等地的受灾与成灾面积最大，水灾与旱灾较为严重（图3）。

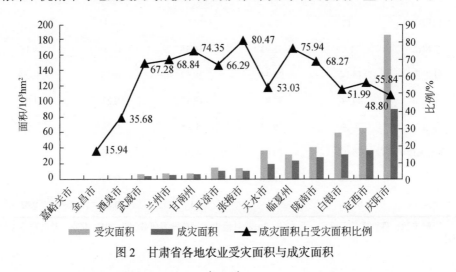

图2　甘肃省各地农业受灾面积与成灾面积

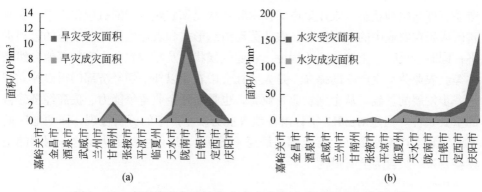

图3 2017年甘肃省各地旱灾（a）与水灾（b）的受灾与成灾面积

（三）河西地区农业机械化水平为全省最高

机具作业服务是农业机械化的实现形式和最终体现。整体来讲，甘肃省农业机械化水平与农业水利化水平逐年提高，而河西地区五地市的农业机械化水平在全省范围内为最高，其中嘉峪关市的单位耕地面积农业机械总动力为全省最高（图4）。

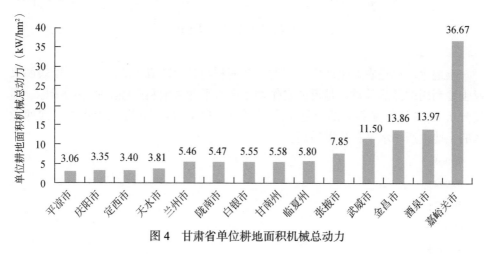

图4 甘肃省单位耕地面积机械总动力

（四）河西地区农业劳动生产率与土地生产率为全省最高

农业劳动生产率是指平均每个农业劳动者在单位时间内生产的农产品量或产值，或生产单位农产品消耗的劳动时间，是衡量农业劳动者生产效率的指标。决定农业劳动生产率高低的主要因素有：农业劳动者生产技术水平、劳动熟练程度、劳动态度与精神状态、农业生产的技术装备状况和农业生产的机械化水平、农业科研成果在农业中的应用情况、农业劳动组织形式和农业生产经营单位的管理水平；同时也反映了土壤的肥沃程度，农业气候状况及影响农业生产的其他自然条件等。农业劳动生产率的提高，是人类社会中农业以外一切经济部门得以独立和进一步发展的基础。从个别农业企业看，也是增强企业竞争能力、提高经济效益的重要条件。通过对 2017 年甘肃各地农业劳动生产率的分析发现，河西地区的农业劳动生产率水平在全省范围内最高（图 5），这也反映了决定这一因素的上述各要素的组合为全省最优。

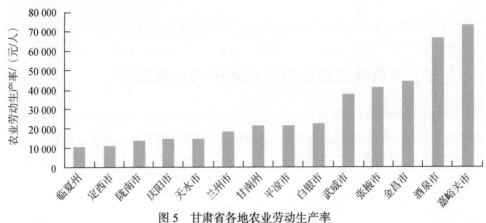

图 5　甘肃省各地农业劳动生产率

土地生产率是农业生产中占用的生产面积与其生产成果的比较，可以表明农业土地利用的经济效益，是反映农作物生产水平和耕地利用经济效益的指标。通过分析 2017 年甘肃各地的土地生产率可以发现（图 6），除张掖市外，河西地区的土地生产率水平在全省最高。

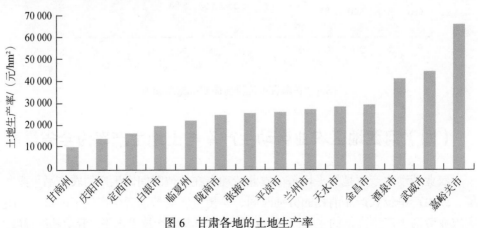

图 6　甘肃各地的土地生产率

二、河西地区建设高标准农田存在的问题与挑战

（一）化肥施用总量超出标准

国际公认的化肥施用安全上限是 225 kg/hm²，2017 年，甘肃每公顷耕地化肥施用量（折纯）已经达到安全上限。按照地区划分，甘肃省单位面积化肥施用量最大的区域为酒泉市、武威市、张掖市、平凉市等地（图 7）。其中超出国际公认化肥施用上限的地区还包括陇南市与金昌市两地。

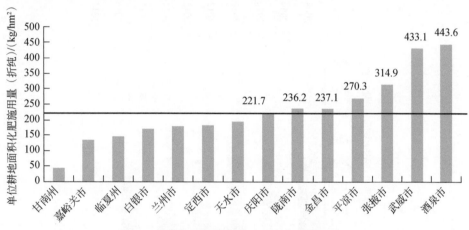

图 7　甘肃各地州单位耕地面积化肥施用量

（二）单位农田农药施用量大

尽管从 2008～2017 年甘肃全省农药的施用总量及 2012～2017 年酒泉市与张掖市两地的农药施用总量来讲，目前，农药的施用总量在趋于减少（图 8），单位播种面积的农药施用量也在趋于减少（图 9），但河西地区个别区域的农药施用仍然达到 0.9kg/ 亩，农业面源污染仍较为严重。

（三）农田畜禽氨氮排放存在巨大挑战

农田畜禽粪便负荷量可以间接衡量当地畜禽饲养密度及畜牧业布局的合理性。《全国规模化畜禽养殖业污染情况调查及防治对策》中提出：每公顷农田能够负荷的畜禽粪便为 30～45t，如果高于这一水平会导致土壤富营养化，对环境

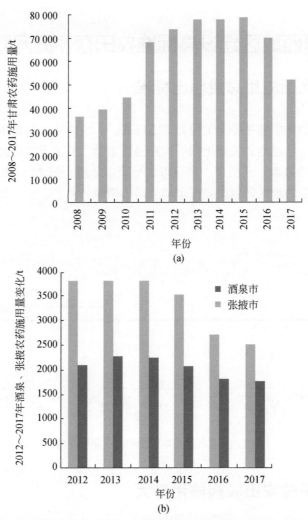

图 8　甘肃农药施用趋势（a）及河西地区酒泉、张掖市的农药施用趋势（b）

产生影响。

　　从环境风险的角度考虑，以最低限度 30 t 为最大理论适宜量。欧盟农业政策规定，粪肥年施氮的限量标准为 170 kg/hm²，磷的限量标准为 35 kg/hm²，超过这个极限值，将会产生硝酸盐的淋失，对水体造成污染。根据相关研究，甘肃省全省 2001 ~ 2010 年这 10 年间牲畜粪便负荷平均为 21.96 t/hm²，2010 年负荷量已达到 25.58 t/hm²，已经逼近每公顷耕地能承受的限额。就全省各市（州）2010年的牲畜粪便负荷而言，嘉峪关市已经达到了 45 t/hm²，而金昌市、武威市、张掖市、酒泉市、临夏州也超过 30 t/hm²。而根据 2017 年全省各地的牲畜养殖推算，武威市、张掖市、嘉峪关市、酒泉市的单位耕地面积牲畜粪便排放量在全省仍为

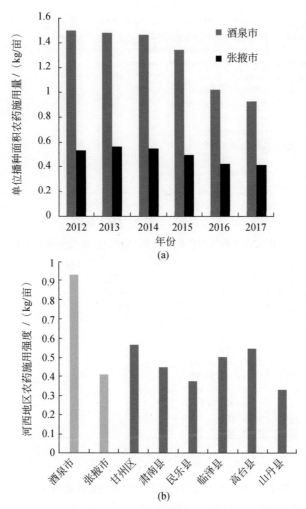

图 9　河西地区酒泉、张掖单位播种面积农药施用量及河西地区农药施用强度

最高（图 10）^①。

　　我国目前尚未规定单位耕地面积土壤的畜禽粪便氮养分的限定标准，根据欧盟的农业政策，粪肥年施氮标准为 170 kg/hm²，超过这个限额，将会产生磷酸盐的淋失，对水体造成污染。根据 2017 年的数据进行计算，武威市、张掖市两地已经超过了这一标准（图 11）。单位耕地面积磷的负荷中，酒泉市、张掖市、武威市三地已经超过了标准（图 12）。国际经验表明，在人均 GDP 超过 3000 美元后，对畜禽产品的消费量必然大幅度增长，这将导致畜禽粪便排放量的大量增加。

――――――――
① 该计算过程中，全省的数据中没有将以畜牧业为主的甘南州纳入其中计算。

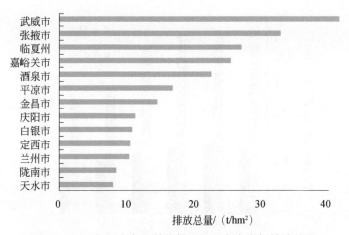

图 10   2017 年甘肃各地单位耕地面积畜禽粪便排放总量

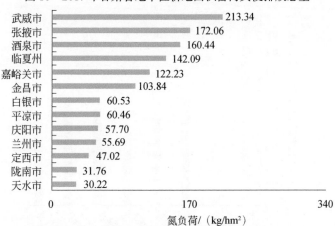

图 11   2017 年甘肃畜禽粪便单位耕地面积氮负荷强度

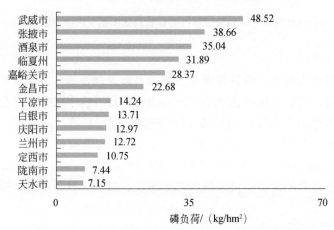

图 12   2017 年甘肃畜禽粪便单位耕地面积磷负荷强度

（四）土壤盐渍化问题严重影响作物增产与农田增量

造成河西地区土壤盐渍化的主要因素是自然地理条件。首先是气候因素。在春季冻融期，土壤中的盐分开始累积，在冻土层完全解冻消融之前，随着土壤翻浆现象，地表会表现出不同程度的盐渍化。随着温度的快速上升，土壤表层会出现盐分的快速积累，最终使土地盐碱化。其次是地形和地貌、成土母质、水文及地质条件的影响。地下水和地表水在下游的矿化度会增高，土壤盐渍化程度也会从上游到下游、地形从高到低呈现出相应的变化规律，从而形成不同的盐分分布。在祁连山冲积扇扇沿，常年有地下水流出，随着水分的蒸发，最终在地面上累积了大量的镁质碱化盐渍土。河西走廊地区的河流均发源于祁连山地区，这是径流的形成区和水源涵养区。下游盆地是河川径流及地下径流的汇集之处，通常含盐量比上游处要高出许多。最后不合理的灌溉及低洼地区只灌不排也是导致盐渍化的重要原因。

河西走廊地区盐渍化土地达 89.37 万 hm^2，其中重度盐渍化土地占耕地面积的 52%；土地利用率低；土壤盐渍化往往伴随着水资源的匮乏及不合理的配置，导致当地植物生长受到严重影响，部分植物甚至面临灭绝的风险。

河西走廊北部一带的盐渍化土地占走廊平原总面积的 1/10 左右，占熟土地总面积的 3/5 左右，由此带来的粮食损失每年超过 10 万 t。河西走廊三大水系流域下游细土平原的地下水浅埋区的盐渍化程度最为严重。其中盐渍化面积最大的流域为疏勒河流域，达 900 296 hm^2；其次是石羊河流域，面积约为740 743 hm^2，主要分布在武威市、张掖市等地。黑河流域盐渍化土地面积相对来说是最小的，大约为 439 586 hm^2，卫星观测数据表明盐渍化程度较重的区域主要分布在金塔、高台几个县市。

武威地区土地的盐渍化面积所占的比例最大，约为 614 300 hm^2，约占全市总面积的 40%，其中分布面积以民勤县为最大。酒泉地区的盐渍化土地以重盐化与中等盐渍化为主，瓜州县、金塔县和玉门市均超出 200 000 hm^2，敦煌市约为354 445 hm^2。张掖市盐渍化土地主要以轻盐渍化土地为主，金昌市盐渍化土地程度最为严重，主要以重盐渍化为主。

三、河西地区建设高标准农田的主要建议

（一）精心统筹，制定高标准农田建设总体规划

首先，河西地区高标准农田建设要以国家战略规划为指导，以县为单位，科

学制定高标准农田建设总体规划。明确各地高标准农田建设的总体要求、区域布局、目标任务、步骤措施等，发挥规划的基础性、决定性、引领性作用，推动农田建设沿着"高标准、高质量、高效益"的轨道前进。其次，要统筹考虑区域气候、地形地貌、耕地数量、土壤结构、水源、地质等因素。强调数量、质量、生态并重，因地制宜，规划高标准农田建设。再次，规划需要与当地农业产业发展规划相结合。以蔬菜、制种、粮食作物、特色农业等产业对集约化、标准化、规模化基地的不同要求，优化项目布局和配套设施，实现高标准农田与不同产业发展的紧密联结。最后，结合乡村振兴工作，将高标准农田建设与乡村振兴规划紧密衔接。

（二）加大中低产田改造，提高高标准农田增量

要实现保障粮食等主要农产品的有效供给，迫切需要加快中低产田改造，建设旱涝保收的高标准基本农田。甘肃省中低产田的成因主要是：第一，自然因素及土壤自身质地造成的土地生产力低下；第二，低投入，轻管理，用地与养地脱节，产量潜力没有充分发挥；第三，甘肃水资源总体缺乏，且时空分布不均，全省农村水利基础设施尚不完善，特别是中部和东部地区大部分耕地还没有灌排设施；第四，农田生态环境保护不力，耕地质量破坏严重。而在河西地区，不合理耕作、灌溉致使土壤盐渍化、风蚀沙化时有发生，造成了局部土地生产力的退化。中低产田改造工作牵涉面广，任务量大。根据中低产田生产中面临的实际问题，要以新发展理念为引领，通过协调生态与农业发展关系，走绿色发展之路、健全机制、体制，确保中低产田投入，科学划分功能区，制定地力建设总规划，采取有效措施，激发对农地的投入热情，完善水利等基础设施的投入机制，用现代农业科技提升全省中低产田改造效率等措施提高中低产田耕地质量。

（三）减少农田化肥、农药施用，发展绿色循环农业

加强宣传，提高农业环保意识，推广农药化肥减量增效、绿色防控、秸秆还田等技术，最大限度控制农药使用量。推广绿色防控技术，积极发展多种形式的专业化防治，强化指导，推进化肥减量增效。积极推广水肥一体化技术，缓解水资源供需矛盾；同时大力推广测土配方施肥技术，着力发展循环农业，构建生态循环农业的服务体系，推动循环农业健康发展。

（四）综合利用多种方式治理土壤盐渍化问题

根据国内外相关经验可知，在盐渍化较为严重的地区发展灌溉，必须要有适当的排水系统，才能在灌溉的同时脱盐，进而农作物才有良好的长势。排水系统，要统一规划，分区实施，先求通畅，而后逐渐加深排水沟，提高标准化建设水平。在季风气候的影响下，降水在时空方面分配不均，尤其是河西走廊一带，武威市、金昌市等地整体来说干旱少雨，张掖市等地雨水相对多一些，但夏天雨水少秋季雨水较多，导致水资源在时空方面也呈不均匀的状态，从而引起旱、涝和土壤盐碱化相伴发生。因此，必须因地制宜采取灌、排、引、蓄、用相结合的综合水利措施，以达到合理调节水资源及综合防治土壤盐碱化、旱、涝和洪等灾害的目的。在利用各类水利工程和农业技术的基础上，综合运用物理、化学和生物相结合的手段对盐碱化土地进行改良，同时要建立健全水盐动态监测体系。

（五）着力解决田网、路网、渠网配套工程建设

大力开展田网、路网、渠网"三网"配套工程建设，着力解决农机作业难、交通运输难、农田灌排难的问题。开展土地平整工作，调整田形；整治农机化生产道路，完善田间生产道路；配套完善小型提灌设施、农田灌排渠工程，建立健全农田灌排渠系，整治农田蓄引提工程。同时，在有条件的地区，结合城乡统筹发展，合理规划乡村休闲步道，科学布设生态林网，把绿色田园建成生态公园、休闲乐园。

机械化作业是影响高标准基本农田建设的关键因素，而田间道路问题是机械化设备能否得以广泛应用的根本问题所在。农业机械设备普遍存在体积大的特点，导致田间小路经常受到损坏，并且田间道路多为土路，易受到恶劣天气的影响。一方面，高标准农田建设需要将集中连片的农田进行全局规划设计，必然要进行土地置换调整，充分发挥机械化设备的作用。另一方面，田间道路多为土路，大雨冲刷之后沟壑崎岖不平，不及时进行修整维护，易导致路基受损，从而严重影响田间道路的使用。

做好农田防护林建设的前提是做好防护林规划和设计，有效发挥防护林保护农田的作用。一方面，需要结合当地农田实际生产情况，宏观规划防护林建设，保证相关部门单位能够严格依据防护林建设规划进行施工；另一方面，在建设防护林过程中，应科学规划农田防护林配置用井的位置和数量、尺寸和深度，从而满足农田防护林建设需求。农田水利方面，应补齐农田水利基础设施短板，大力推进农业水利工程建设。

（六）加强体系建设，规范农田流转体系

要推动土地加快流转。以高标准农田为平台，加大引进和培育新型农业经营主体力度。对暂未规模流转的高标准农田，要因地制宜开发利用。在充分尊重农民意愿的前提下，返还或低价返租给当地农户耕种。要推动耕地质量提升。一时无人耕种的高标准农田要及时组织套种绿肥，防止撂荒，并有效增加土壤有机质，提高土壤肥力，提升耕地质量。

进一步健全土地流转市场服务体系，为土地流转提供相关法律宣传、政策咨询、流转信息、合同签订指导等服务。严格执行农村土地承包的相关法律法规，加强对农村土地流转的管理。全面推行农村土地流转合同制和备案制，加强农村土地流转合同的科学管理，指导土地流转合同规范、公开、公正签订，切实维护农民群众的合法权益。对土地流转合同及相关变更资料要及时进行备案。建立健全农村土地流转相关资料，加强合同档案管理，切实管好农村土地承包及流转的各项档案资料。

专题三 祁连山区与周边区域加快全域旅游发展的建议[①]

习近平总书记关于"一带一路"倡议的提出及其向纵深的推进和发展，为丝绸之路沿线区域旅游业的发展带来了千载难逢的机遇。打造世界文化旅游目的地，是提升丝绸之路旅游核心竞争力，实现"政策沟通、设施联通、贸易畅通、资金融通、民心相通"的关键。放大国家级文化发展战略平台作用，构建"中国丝绸之路河西走廊国际文化旅游廊道"，对高水平高品位推动大旅游经济圈建设、加快建成"一带一路"文化制高点和示范区具有探索性意义，对培育甘肃发展的战略大平台和增长极具有深远意义。

中国科学院兰州文献情报中心对酒泉市、张掖市、武威市、金昌市、嘉峪关市和兰州市 6 个地级市的 18 个县（区）的调研发现，存在政府投入的旅游基础设施建设进展缓慢、旅游开发利用与营销宣传方式雷同、区域间合作不畅、旅游与相关产业融合程度不高、旅游业未来发展趋势认识不清、政策执行的主动性欠缺等问题，建议充分挖掘文化资源优势，推进文化旅游深度融合，创新绿色旅游开发模式，打造国家级旅游综合改革试验区，探索全域旅游开发新路径。

一、祁连山区与周边区域旅游发展存在的问题

（一）政府资金投入难度加大，基础设施建设进展缓慢

环保等投入大。旅游业本身具有前期投入量大、后期收益期长的特点，在其发展初期需投入大量资金用于景区开发、旅游基础设施和服务设施的建设，而资金支持力度的大小在很大程度上取决于地方经济的发展水平。河西地区各市、县近几年来，在生态环保方面的人力、物力、财力投入普遍大幅增加，加上当前国家公园和保护区政策对矿产、旅游等行业的关停与限制，地方财税收入减少明显

---

①本专题作者：王宝，权学烽。

（如肃北县，之前财政收入近 8 亿元，现仅为 3 亿元；之前公共预算 4 亿元，现为 1.8 亿元；目前全县政府债务 9 亿元左右，而之前没有债务），地方财政紧张形势进一步加剧。

投入支撑不足影响基础设施改善。受上述形势影响，各市、县对旅游的投入力度普遍降低，尤其是在旅游基础设施（与景区相关的主要交通基础设施、停车场、游客接待服务中心等）及景区下阶段开发、文化创意产品开发等方面的投入大幅缩减，加上省级层面相关支持力度的降低，当前旅游发展规划、专项行动计划等的项目建设总体缓慢。

（二）开发利用与营销宣传方式雷同，区域间合作不足

旅游发展模式雷同。河西地区及祁连山周边地区高品质旅游资源丰富，种类齐全，国家级重点文物保护单位数量众多。基于调研情况，游览仍然以传统游览观光为主，开发利用模式单一、休闲体验、科学考察、探险教育等开发模式尚处在初始阶段；营销模式主要是通过企业或者旅游社团的广告和标语来宣传，自媒体、互联网＋等营销宣传力度严重不足，并且各市、县情况几乎完全类似。从整个河西五地市来看，旅游业发展速度和开发程度极不均衡，旅游资源整合情况差，各自为政，竞争大于合作。几乎各市都有开发田园生态游、户外徒步（探险）、挑战极限、滑翔漂流等类似旅游项目，缺乏整个区域内系统的旅游开发和发展策略，各自以自身盈利最大化为目标，相互之间没有客源共享和资源共享措施，无形中造成潜在游客资源流失和浪费。

石窟和丝路仍是引客核心。根据焦世泰（2010）对省内、省外和国外游客的调查，游客对河西地区整体形象的感知顺序不同，省外游客和国外游客感知度最高的都是石窟艺术，分别为 90.6% 和 97.3%，丝路文化排在第二位，分别为 86.9% 和 90%，而省内游客的感知顺序则是丝路文化第一，石窟艺术第二。这一调查说明，对游客而言，河西走廊"石窟艺术"和"丝路文化"的旅游形象已经深入人心，客观上给其他类型旅游资源的开发宣传造成压力，不利于旅游功能多样化。目前河西走廊主要依靠"石窟艺术"和"丝路文化"吸引游客，在游客心中的形象僵化，很多游客只知敦煌的景点而不知河西地区还有其他有价值的旅游景点，人文景观的绚丽掩盖了自然景观的壮美，单一的发展重点不利于河西地区旅游业可持续发展。

文化内涵挖掘不够。核心旅游资源开发利用不足，大量的优质旅游资源未能转换成王牌产品。区域内多处世界文化遗产的资源价值未得到挖掘，长期以来在莫高窟、鸣沙山月牙泉这两大顶级旅游资源的遮蔽下，苏干湖、阳关、玉门关、

锁阳城等周边优秀资源难以进入大众视野，瓜州县、肃北县和阿克塞县尚未形成有地标性影响力的核心吸引物。因缺乏有力的规划指导和投入支撑，已建成的景区大部分规模小，开发深度不足，产品结构比较单一，旅游产品的文化内涵挖掘不够，参与性、休闲性、娱乐性、趣味性、民俗风情等旅游项目开发步伐缓慢，丝路文化、艺术瑰宝、绝美风光、独特民俗、敦煌精神等内涵价值和优势资源尚未真正转化为产品优势与经济优势，难以形成综合性的旅游目的地。

（三）旅游与相关产业融合程度不高，旅游业态单一

祁连山及周边区域的旅游产业持续了快速发展势头，但差距和短板仍然比较明显，其中影响打造全域旅游的关键问题之一，就是旅游与相关产业的融合度单一、业态简单。很多具有显著特色和比较优势的文化、工业、生态等资源尚未转化为明显的经济效益，旅游产品和服务供给不足，特别是高品质、有创意、吸引力强、附加值高的产品短缺，导致旅游业对经济支柱作用不明显。通过调研分析得出，旅游产业融合的障碍既包括政策障碍又包括动力障碍。

政策障碍方面，祁连山及周边区域旅游业与其他产业有机融合过程中，统一的协调合作机制尚未形成。旅游产业与其他产业分别涉及不同的部门，管理职权分散，权责交叉，各部门之间职责不同，难免出现利益主体行为不配合问题。例如，机构改革前文化部门只负责文化产业的管理，缺乏对旅游产业的深度认识；而旅游部门只负责产业的发展，可能忽视对其他产业中可利用的旅游资源的挖掘和开发。但目前文化和旅游部门的机构合并，有利于促进这一问题的解决，但仍然需要一段过程。

动力障碍包含第三产业的成熟度和旅游信息化程度两个方面。从区域层面来看，第三产业发展仍不够成熟，主动参与旅游融合的能力和水平很有限，使得旅游产业融合虽有萌芽但无实质性发展，对文化资源的开发仍多依赖政府，民间企业带动作用不足。此外，互联网信息技术对旅游产业融合的驱动和支撑力不足。祁连山及周边区域的旅游产业信息技术落后于行业发展需求，如互联网基础设施建设不够完善，信息技术使用能力处于较低水平，旅游数据共享开放程度不高，相关政府部门、行业协会、旅游企业信息化意识不强等，都对旅游产业融合发展产生了阻力。

（四）普遍存在"全面发展"，未来发展趋势认识不清

大小资源一律搞开发。河西地区各类保护地的大发展与全国的情况一样，基

本与我国的经济大发展同步。前期的大发展只是数量的大发展，是"早划多划、先划后建"式的发展，因此尽管有《中华人民共和国自然保护区条例》《风景名胜区条例》这样的"最严格保护"的法规，自然保护地并没有真正得到依法保护，地方政府"靠山吃山、靠水吃水"并把保护地开发为旅游景区的情况大有所在。整个河西地区人文资源和自然资源类似程度较高，而各市、县在差异性特色化方面设计不足，导致河西地区各地旅游出现雷同性的"全面大发展"。

未来发展趋势认识不清。自2013年党的十八届三中全会首次提出"建立国家公园体制"开始，出台了一系列有关国家公园的政策措施，国家公园建设已成为我国生态文明建设的排头兵和落实绿水青山就是金山银山理念的重要抓手。基于此趋势，可以推测以旅游景区为定位的传统发展模式完全可能转变为以生态文明建设为宗旨的绿色发展模式。未来的旅游目的地将形成两个系列：一是低门票价格、公益性的国家公园和自然保护地，游客在其中主要以生态旅游的方式体验，在环境教育、自然体验中满足自己的诉求；二是高门票价格的企业投资景区，如主题公园、游乐园等，如迪斯尼乐园和长隆野生动物园等，游客在其中可获得感官刺激和奢华体验。目前面临的问题是，很多地方及官员对《建立国家公园体制试点方案》中所提的"保护为主"和"全民公益性"及《建立国家公园体制总体方案》提出的国家公园可以在保护生态的前提下开展自然观光、旅游等新理念、新趋势认识不清，没有充分理解，完全没有考虑这些政策中重要的"体制"这两个字，而以公益性、科学性、参与性为主的国家公园旅游与大众观光旅游产业有显著区别，也正是体现在体制机制上的大不同。因此，未来各市、县应在体制机制方面进行更多思考和实践。

（五）政策执行的主动性欠缺，国家层面统筹管理法规缺失

政策执行的主动性欠缺。在保护区修复保护与整治操作过程中，有些地方和部门在实施保护区建设项目时，存在对政策法规理解不透、把握不准、机械套用相关规定的现象。肃南县、天祝县相关部门反映，旅游开发能让当地老百姓人均收入增加1万~2万元，关停拆除要慎重。

统筹管理法规缺失。从调研情况看，目前保护区在体制机制方面普遍存在双重领导、多头管理的问题，这不利于实行全面有效的管理，在开展保护时也不可能不受各方面的干扰。由于多头管理，各部门下发的文件都要执行，但管护中遇到的具体困难和问题又都不愿管。此外，保护区与风景名胜区、森林公园、地质公园重叠，对各类保护区，国家尚未出台统筹管理的法律法规。

二、对策建议

（一）增强文化自信，促进文化创新，打造国家级旅游综合改革试验区

正确处理文化存在和文化认知、保护传承和创新发展、资源分散和集成整合、文化价值挖掘和文旅设施建设、文化普惠共享和文化产业发展之间的关系，增强文化自信，讲好甘肃故事。加大保护传承力度，推动文化创新，利用现代科技加快文化产业和文旅融合发展，积极融入和服务"一带一路"建设，推动更多文化产品和服务走出去。统筹生态保护和民生改善的关系，高标准高起点规划发展生态旅游，以生态保护是前提、自然教育是责任、社区参与是保障的科学定位，建设一批国家旅游改革发展先行区，充分发挥旅游业绿色富民惠民作用，协调处理好旅游开发与生态保护的关系，实现双赢。

（二）充分挖掘文化资源优势，加大文化旅游融合力度

谋划长远与分步实施相结合、传承与创新共推进，促进既保护传承又挖掘利用，坚持保护优先，加大甘肃省文化"瑰宝"唯一性、独特性、稀缺性的研究挖掘力度，推进合理高效创新利用。按照"宜融则融、能融尽融"的理念，以打造"一带一路"文化制高点和示范区为目标，扶持特色食宿产业、体育康养产业、会议会展业、演艺产业、影视产业、文创产业、文物保护与修复产业、动漫游戏产业等新兴文化产业融合发展，最大限度拓展文化产业的产业链，打造文化产业集群新生态，形成大市场大效益，使文化影响力内化为旅游的吸引力和竞争力。

（三）创新引领绿色旅游开发，激发区域绿色旅游发展活力

强化对生态旅游规律性的认识，把握生态旅游阶段性特征，依托重要湿地、风景名胜区、森林公园、沙漠公园、水源保护地及世界文化遗产等，打造生态旅游产品和中小型生态胜地；发展好乡村生态旅游，通过"美丽乡村""一村一品"等方式，依村就势，促进乡村旅游与生态农业、生态畜牧业"嫁接"发展。创新区域合作机制，加快推进与国外特别是"一带一路"合作伙伴、国内特别是周边省份的区域联动，打造旅游合作联盟。创新绿色旅游投融资体系，用好"旅游产

业促进基金",积极探索"旅游＋金融"的发展新路子,引导社会资本和金融资本加速向绿色旅游集聚。

(四)实施区域旅游联动发展战略,形成世界级文化旅游经济圈

河西走廊旅游资源空间特征,丝绸之路黄金段的文化特征,大众旅游和休闲旅游促生的全域旅游模式特征,保护为主、全民公益优先的国家公园管理特征,大敦煌文化旅游经济圈建设的迫切需要都决定了河西地区应该实施五地市旅游的联动发展。整合河西五地市文化旅游资源和产业要素,打造特色突出、分工协作、互补互促、空间集聚、布局优化的区域旅游产业发展新格局;推动旅游资源由多头管理、粗放开发向统筹整合、集约开发转变,推动旅游产品由大众观光游览向体验、休闲、自然教育、科研探索转变,推动旅游服务由低层次单一化向优质化、差异化、高效化服务转变。打造客源共享、差异化互补的四大旅游区:酒嘉丝绸之路世界文化遗产深度体验旅游区、酒泉航天科技文化体验旅游区、金张掖地理奇观民族风情旅游区、金武历史文化大漠风光体验旅游区。

(五)区域统筹协调,形成全域旅游政策体系

一是产业统筹,打通规划、部门和产业之间的关系,形成"多规合一、部门联动、产业融合"的一体化实施机制。二是城乡统筹,地方政府通过发展城乡旅游公共交通、城乡旅游标识标牌系统,促进城乡旅游公共服务均等化。三是创新全域旅游投融资机制,对全域旅游示范区创建单位,省级财政予以适当补助,全域旅游重大投资项目优先纳入省重点建设项目库和省级 PPP 项目库。四是优化全域旅游用地支持政策,实行差别化旅游用地政策,优先安排重大旅游建设项目用地,旅游领域新供土地符合划拨用地目录的,依法按划拨方式供应。五是加强全域旅游人才保障,建立全域旅游发展智库,健全与全域旅游相适应的教育体系和培训机制,大力发展旅游职业教育,积极引进高素质的现代旅游经营管理人才。

专题四 甘肃省河西地区葡萄酒产业发展建议①

甘肃省作为农业农村部规划的我国六大酿酒葡萄产地之一，是我国葡萄与葡萄酒的最佳产区之一，甘肃省内已有'莫高''祁连''紫轩'等多家葡萄酒生产企业，在全国具有一定影响力。但近年来，甘肃省葡萄酒产业发展面临一些新的问题和挑战，严重阻碍了葡萄酒产业的健康快速发展。为进一步提升甘肃省葡萄酒产业竞争力和品牌知名度，甘肃省葡萄酒产业需要加快战略调整，积极适应新的发展要求，快速推进转型发展。

一、我国葡萄酒产业发展呈现新的态势

（一）国内葡萄酒产量持续下跌，但人均消费量不断增加

近年来，葡萄酒行业一直处于产业结构调整时期。从国家统计局的数据来看，2012年之后我国葡萄酒产量一直处于下跌状态，2019年全国规模以上葡萄酒企业总产量4.51亿L，比2018年总产量的6.29亿L暴跌了28.30%，完成销售总收入约145.09亿元，下降17.51%，实现利润总额10.58亿元，下降16.74%。但随着我国葡萄酒消费量的不断增加，以及人们对葡萄酒饮用的认可，再加上人们对进口葡萄酒的需求上涨，我国人均葡萄酒消费量逐年增加，从2002年的人均0.25L/a上升到2016年的1.34L/a。

（二）进口葡萄酒对国产葡萄酒的冲击加大，且更具性价比优势

不同于白酒市场主要是以国产品牌为主，我国葡萄酒市场充斥着大量的进口品牌，尤其是2015年以来，进口关税进一步下降促使葡萄酒进口数量出现明

---

①本专题作者：靳军宝。

显增长，年增速保持在 15% 及以上，而同期国内葡萄酒产量基本上是负增长。2018 年，受经济放缓和中美贸易摩擦的影响，中国葡萄酒进口量出现 2014 年以来首次下滑，进口量为 6.79 亿 L，进口金额为 28.2 亿美元（折合人民币约 190亿元），2019 年进口量为 6.16 亿 L，进口金额为 24.3 亿美元（折合人民币约170.7 亿元），葡萄酒进口量占中国葡萄酒总供给的比例已经达到 57.73%。同时，历经调整期，进口葡萄酒的均价从上一轮景气期中高于国产葡萄酒转变为当前的低于国产葡萄酒，性价比优势将有助于其进一步抢占国产品牌的份额。

（三）竞争格局分散，'张裕'龙头地位凸显

我国葡萄酒市场集中度低，2011 年葡萄酒市场行业前四名份额集中度（CR4）约为 18.9%，其中'张裕'（9.5%）＞'长城'（5.7%）＞'王朝'（2.2%）＞'威龙'（1.5%）；2016 年葡萄酒市场 CR4 降低至 10.4% 左右，其中'张裕'（5.4%）＞'长城'（3.3%）＞'威龙'（1.1%）＞'王朝'（0.6%），其中'张裕'份额明显高于其他品牌。整体看，行业集中度本来就不高，且近年来呈现下降趋势，主要是进口葡萄酒冲击所致；分品牌看，'张裕'市场份额明显高于其他品牌，具备一定的领先优势。

二、甘肃省河西地区葡萄酒产业已经具备较好的发展基础

（一）具有较好的产业发展基础

河西地区酿酒历史文化悠久，甘肃省葡萄酒产业已经形成了种植、采摘、压榨、酿造、储存、灌装、销售等完整产业链条，具有较好的产业发展基础。截至2018 年年底，全省酿酒葡萄种植面积达 30.75 万亩，位居全国第三。全省葡萄酒生产企业达到 19 个，形成了以'莫高''皇台''威龙''紫轩'等为代表的葡萄酒企业集群，葡萄酒产能达 13.9 万 t，产业集聚效应初步显现。

（二）地理位置优越，产区优势明显

河西地区地处 36°N ~ 40°N，具有生产葡萄尤其是酿酒葡萄的最佳光、热、水、土资源组合状态，是我国乃至全世界有机葡萄酒的最佳产地之一。这一地带光照充足、昼夜温差大，非常有利于葡萄种植，且干燥气候可抑制葡萄病虫害发

生，适合生产绿色有机葡萄；此外，河西地区土壤为灰钙土、荒漠土、灰棕土和棕漠土，矿物元素（包括微量元素）非常丰富且土壤结构疏松，空隙度大，有利于葡萄根系生长；加之河西地区可供开发种植的戈壁、荒山荒坡及沙漠边缘等非耕地资源多样，为酿酒葡萄产业发展提供了充足的土地资源。河西地区是我国和全世界有机葡萄酒的最佳产地，被称为"中国的波尔多"。

（三）河西地区产区品牌效应初显

经过多年的发展，甘肃河西地区产区葡萄酒品牌效应初显。特别是随着葡萄酒企业山东威龙集团的引进，甘肃河西地区葡萄酒产业进入发展的快车道，同时，本土葡萄酒酿造企业——甘肃紫轩酒业有限公司、甘肃莫高实业发展股份有限公司、甘肃皇台酒业股份有限公司、甘肃祁连葡萄酒业有限责任公司等也得以培育、发展和壮大。甘肃省葡萄酒已形成以'莫高''紫轩''威龙''皇台''祁连''国风''三十八度'等为代表的众多优秀品牌，甘肃河西地区葡萄酒产品在国内、国际葡萄酒市场上已形成了一定的品牌影响力。

三、甘肃省葡萄酒产业发展仍然存在一些亟待解决的问题

（一）"抱团"推广营销深度不足，葡萄酒生产和经销商各自为政

甘肃河西地区葡萄酒生产、销售和市场推广的同质化情况严重，为了扩大本地市场份额，企业各自为政，采取促销、仿制等手段进行恶性竞争。各葡萄酒生产和经销企业之间相互压价，不但不能大幅度扩大销售量，而且反而会严重损害整个产区企业的形象，影响产品形象，导致产区内葡萄酒产业效益的整体下滑，影响了产区品牌的认可度，制约了产区企业的整体发展，影响了产业集聚的优势，影响了河西地区葡萄酒产区影响力的打造和提升。

（二）技术支撑体系薄弱，创新能力不足

甘肃省内葡萄酒企业多以中小型规模为主，发展起步晚、积累少、企业实力不强，没有足够的资源高薪聘请高水平技术人员和营销人才，加之自己培养的技术骨干流失率较高，企业产品开发技术力量不够，营销能力也不强。例如，建成

于 20 世纪 80 年代的'莫高'，虽经过多年的发展，但在发展理念、人力资源、广告宣传等方面与'张裕'等国内知名品牌企业存在较大差距。河西地区葡萄酒产业整体竞争力不强。

（三）产区历史文化底蕴深厚，但开发挖掘程度低

河西地区拥有深厚的文化传承和悠久的葡萄酒酿造历史，早在汉朝就已开始引进和种植酿酒葡萄，酿造葡萄酒，拥有国内其他产区所无法比拟的历史文化资源。然而产区内对优势历史文化资源的借力较弱，对本地葡萄种植和葡萄酒酿造历史文化挖掘不够深、宣传较弱，新文化创造力度也较欠缺，虽然葡萄酒品质优良，但仍未得到国内消费者的广泛了解和认可。

四、加快甘肃省河西地区葡萄酒产业发展的对策建议

（一）加强葡萄酒产业规划引领作用，促进产业健康有序发展

进一步明确河西地区葡萄酒产业发展定位，加强对葡萄酒产业工作的组织领导，充分发挥葡萄酒产业发展领导小组、行业协会等机构作用。科学编制葡萄酒产业发展规划，按照政府引导、市场主导的原则，进一步整合葡萄酒产业发展要素。统筹规划管理协调河西地区葡萄酒产业，引进专业管理人员，提升产区服务管理效率，争取国家专项资金投入，提高其产业化、规模化和市场化水平，使其成为甘肃经济支柱产业。

（二）坚持抱团发展模式，强化产区品牌建设

随着葡萄酒消费的不断升级，对葡萄酒的消费理念也从认"葡萄酒品种"到认"品牌"到认"产区"到认"产区精品葡萄酒"不断升级。这就需要支持和引导河西地区现有的各葡萄酒企业进行强强联合，形成有较强竞争力的葡萄酒企业联合体，坚持抱团拓展市场，并利用政策优势吸引更多的企业进行纵向发展，不断完善产业链，形成产业品牌优势。同时，扩大宣传渠道，加大整体宣传力度，不仅在省内以"葡萄酒节"作为契机进行整体推介，还要"走出去"在国内甚至

国外进行产区推广,参加国内外知名博览会(展览会),打造和提高河西地区品牌的知名度。

(三)推进葡萄酒产业融合发展,着力打造"葡萄酒+"模式

依托河西地区优质酿酒葡萄种植基地打造农业开发和技术创新示范基地,支持葡萄酒企业高标准建设集葡萄种植、加工、科研开发及葡萄酒文化展示、休闲娱乐、景点景区观光旅游为一体的特色有机精品小酒庄。突出"葡萄酒+"理念,结合河西地区文化与旅游资源,着力打造集葡萄酒文化展示与体验、葡萄酒品鉴、休闲度假和健康养生于一体的综合旅游休闲度假区,形成一二三产业高度融合的新业态,促进河西地区有机葡萄酒产业提档升级。

(四)强化科技支撑作用,建立质量安全追溯体系

加大葡萄苗木良种繁育及引进、标准化栽培,以及葡萄酒酿造工艺、品质改良、新产品开发等方面的科技投入和资金扶持力度,强化葡萄酒产业科技支撑。强化对葡萄酒市场的监管力度,加大对假冒、伪造、冒用地理标志产品专用标志的查处。加快河西地区葡萄酒专用标志设计、赋码、编号,尽快建立甘肃省酒类流通监管和服务电子网络平台,实现酒类产品来源可追溯、去向可查证、数量可统计、责任可追究。

(五)深入挖掘历史文化资源,扩大产区影响力

地域性是葡萄酒文化的核心所在,河西地区葡萄酒历史悠久、文化底蕴深厚,且地处"一带一路"倡议中丝绸之路的交通要冲,拥有国内其他产区所无法比拟的历史文化资源。应大力挖掘与河西地区葡萄酒相关的丝路文化历史资源,以独特文化特色突出并彰显河西地区葡萄酒的个性,赋予葡萄酒以深刻的文化内涵,把产区的内在价值逐步彰显并提升起来,并从广告宣传、事件营销、包装设计等多方面、多渠道融合河西地区独有的历史文化底蕴,提升产区影响力。

专题五 | 甘肃省新能源发展建议[①]

甘肃省属于新能源资源集中开发的典型省份，但同时弃风弃光比较严重，2016 ~ 2018 年弃风率在 20% ~ 43%，被国家能源局列入风电投资监测红色预警区域。甘肃弃风弃光的背后，存在电力供需的严重失衡、煤电矛盾、网架结构、输送能力不足等多方面因素，存在交易壁垒和利益博弈。

一、发达国家和地区新能源消纳机制与措施

（一）欧盟

欧盟成员方整体上需要能源进口，近年来能源进口依存度超过 50%。为实现低碳经济、降低能源成本、减少进口依赖，欧盟提出了面向 2030 年的具体减排、可再生能源和能效发展目标，这些目标具有法律效力，各成员方需据此修改自身法律，制定相应政策。

1) 新能源平台战略。2015 年 9 月，欧盟委员会"战略能源技术计划"（SET-Plan）组建了一系列平台，包括光伏技术创新平台、风能技术创新平台、可再生能源供热与制冷技术平台、电池技术与创新平台、智能电网技术平台、能源专家网络安全平台等。平台汇集了本领域产学研专家，通过发布研究报告、技术路线图等前瞻领域发展前景，提出研究和创新优先事项建议。

2) 加强基础设施建设。2018 年 6 月，欧盟委员会发布"地平线欧洲"计划（第九框架计划，2021 ~ 2027 年）提案，计划在"气候、能源与运输"领域安排 150 亿欧元，在能源供应、能源系统和电网、能源转型中的建筑和工业设施、清洁交通运输、储能等方面加强基础设施建设。

（二）德国

德国提高新能源消纳的措施分为政策创新、管理创新和技术创新等几个维度。

[①] 本专题作者：郑玉荣，付爽。

措施包括采用新能源直接上网交易新政策、建设并网评估和规划体系、增加新能源的主动可调节性、电力系统再调度、主动改善负荷特性等。2018年9月，德国政府通过"第七能源研究计划——能源转型创新"，重点支持提升能源效率和开发可再生能源等研究主题。

1）"溢价补贴＋电力市场价格"政策。德国2012年全面引入溢价补贴机制，新能源按照电力市场规则与其他电源无差别竞价上网，同时承担类似于常规电源的电力系统平衡义务，同时政府为上网新能源提供溢价补贴。

2）并网评估体系。德国已建立相应的新能源并网（集中并网或分布式并网）评估体系，在新能源电站的详细设计方案完成后，对新能源并网的影响予以技术评估或认证，确保分布式新能源并网后电网的可靠稳定运行。

3）增加新能源主动可调节性。当大规模分布式电源并网时，电网阻塞也可能来自配电网，这不仅需要对集中式大型电站，也要对分布式新能源进行功率调节（包括有功和无功），这已在德国所有配电网中投入使用，这样的技术手段可以减少输网配网阻塞，提高新能源消纳。

4）电力系统再调度。新能源优先并网难以避免传输阻塞问题，针对这一问题，电网运营商开发了多个预测分析及决策模块来辅助调度决策，最终找出最优方案。

5）主动改善负荷特性。电网公司通过需求侧管理，用最低成本获取灵活性来保证系统安全运行，并减少新能源导致的电网扩建从而提高新能源消纳效率。

（三）英国

1）市场补贴机制。英国从2017年起开始实施差价合约机制，核心是新能源按照电力市场规则进入电力市场，国有结算公司与新能源发电企业按合同价格签订长期合同（该合同价格由招标确定且必须低于政府指导价），差价合约机制采用招标确定合同电价的方式，通过合约既保证新能源企业的合理收益，又避免了对新能源的过度激励。

2）多级市场协调配合，促进新能源消纳。英国新能源消纳以中长期双边交易（OTC）为主，目前OTC约占交易电量的85%。日前市场和日内市场是短期集中交易市场，主要由EPEX（原APX）和N2EX两家电力交易所分别进行组织，市场成员自愿参与，EPEX还建立了日内现货市场。

（四）西班牙

1）"溢价补贴＋电力市场价格"。西班牙鼓励风电场参与电力市场竞争，2005 年之后，由于全球能源价格上涨，西班牙的电力销售价格及电力上网价格也持续上涨，90% 以上的风电企业选择溢价方式。

2）风电功率考核机制。西班牙电力法规定，西班牙风电企业有义务提前将风电上网电力通报电网运营企业，如果预测不准，风电场要向电网缴纳罚款。

（五）美国

美国是世界上第一个实施可再生能源配额制的国家，目前也较为成熟，美国超过一半的州都实施了配额制，依据本地能源资源、市场环境、政策背景制定适应本地的可再生能源配额制机制。美国大部分州在可再生能源配额制的激励下，采用新能源完全自由参与市场模式。

1）组合发展战略。美国将能源优势列为优先领域之一，并提出国内能源的发展应该基于化石能源和核能、可再生能源等清洁能源的组合，政府投资早期创新技术以保证安全有效地利用美国能源资源。

2）成熟的应用流程。在美国得克萨斯州电力批发市场中，风电场与其他常规电厂一样，通过双边合同协议、日前市场和实时市场参与市场交易，并承担相应的财务责任。同时考虑风电自身特点，风电场不参与日前市场和补充辅助服务市场中的辅助服务竞买。得克萨斯州电网运营商 ERCOT 统一负责由风电波动和预测误差等带来的系统平衡，通过开启可快速启动的燃气机组，调用非旋转备用和旋转备用辅助服务及执行紧急电力消减计划来应对新能源带来的系统紧急事件。

3）可再生能源配额制框架约束。电力公司有义务购入一定比例的新能源发电。

4）市场竞价机制。没有长期合约可签的风电场则直接参与电力市场，收益存在一定的不确定性。

二、对甘肃省新能源消纳机制建设的建议

甘肃省已经成为全国的新能源战略基地，风电和光伏装机容量位居全国前列，但因甘肃省经济增长放缓，用电负荷相对过低，消纳能力不足，"弃风""弃光"现象突出，不仅给企业造成了巨额的经济损失，同时在环境污染、节能减排方面

造成了负面影响，二氧化碳等污染物排放不减反增，因此新能源难以有效利用是目前甘肃新能源发展面临的核心问题。

（一）优化电源布局，合理控制电源开发节奏

科学调整清洁能源发展规划，清洁能源开发规模进一步向中东部消纳条件较好的地区倾斜。通过政策引导，优势企业介入分散式、分布式可再生能源开发。大力推进煤电超低排放和节能改造，提升煤电灵活调节能力和高效清洁发展水平。

（二）加快电力市场化改革，推行"溢价补贴+电力市场价格"政策

鼓励新能源参与电力市场竞争，创新交易模式，通过金融差价、发电权交易、溢价补贴等方式灵活执行，推行清洁能源电力优先消纳、交易合同优先执行政策。扩大清洁能源跨省跨区市场交易，打破省间电力交易壁垒，推进跨省跨区发电权置换交易。

（三）加强宏观政策引导，多级市场协调配合，促进新能源消纳

实施可再生能源电力配额制度，确定区域用电量中可再生能源电力消费量最低比例指标。改革电力交易制度，通过双边合同协议、日前市场和实时市场参与市场交易，并承担相应的财务责任，多级市场协调配合，促进新能源消纳。

（四）加强并网评估研究，确保电网平稳运行

建立相应的新能源并网（集中并网或分布式并网）评估体系，在新能源电站的详细设计方案完成后，对新能源并网的影响予以技术评估或认证，确保分布式新能源并网后电网的可靠稳定运行。

（五）加强电网基础设施建设，实施新能源平台战略

提升电网汇集和外送清洁能源的能力，加强可再生能源富集区域和省份内部

网架建设，提高存量跨省跨区输电通道可再生能源输送比例，在能源供应、能源系统和电网、能源转型中的建筑和工业设施、清洁交通运输、储能等方面加强基础设施建设。实施新能源创新平台战略，加强光伏创新平台、风电创新平台、储能创新平台、专家网络平台、智能电网创新平台等建设。

（六）积极推进电力消费方式变革

推行优先利用清洁能源的绿色消费模式，倡导绿色电力消费理念，推动可再生能源电力配额制向消费者延伸，鼓励售电公司和电网公司制定清洁能源用电套餐、可再生能源用电套餐等，引导终端用户优先选用清洁能源电力。

（七）落实责任主体，提高消纳考核及监管水平

强化清洁能源消纳目标考核，科学测算清洁能源消纳年度总体目标和分区域目标，进一步明确弃电量、弃电率的概念和界定标准。建立清洁能源消纳信息公开和报送机制，能源主管部门组织第三方技术机构对清洁能源消纳进行监测评估，并向社会公布。

专题六 | 祁连山重点区域农牧民生计及接续产业培育与区域经济长期发展调研问题及对策建议①

一、研究背景

祁连山国家级自然保护区核心区主要涵盖张掖肃南裕固族自治县、武威天祝藏族自治县两个县。自祁连山生态核心区搬迁启动以来，甘肃省各级政府严格落实生态恢复治理措施，扎实稳妥有序推进祁连山核心区生态搬迁工作，截至2018年年底，肃南与天祝核心区内208户农牧民已全部搬出。

核心区肃南段共有149户484人，主要涉及康乐、马蹄和祁丰3个乡（镇）10个农牧村，目前已全部搬出，拆除房屋及生产设施等地面附属物3.61万 m²，牧民的房屋拆迁补偿全部发放到位，户均23万元。目前已有145户分别在张掖、肃南县城、乡镇所在集镇或邻近市区购置新的住房，户均住房补助3.5万元。核心区149户农牧民四季草原全部实施禁牧，3.06万头（只）牲畜已于2017年年底全部出售退出，核心区95.5万亩草原每年落实禁牧补助资金839.9万元，禁牧补助全部发放到户，户均禁牧补助5.63万元，人均禁牧补助1.67万元。截至2019年6月，从祁连山生态核心区搬出的484人中有劳动能力的共有332人，这些人中已确定115人为生态管护员，同时在保护区外从事养殖和贩销53人，从事旅游服务及个体经营65人，就近就地务工务牧28人，外出务工21人，已基本实现就业人数达282人，占全部劳动力的85%。

核心区天祝段共有59户217人，主要涉及炭山岭、毛藏、抓喜秀龙、打柴沟4个乡（镇）。天祝县59户搬迁农牧民中，在县城购房安置的有43户，乡镇镇区购房安置的有15户。截至2019年6月，天祝县59户搬迁农牧民中，24户已顺利实现转产就业。其中，12户外出打工，9户继续从事养殖业，3户从事大田蔬菜等经营活动，其余35户有强烈的转产就业愿望，目前暂时打零星短工。

---

①本专题作者：白光祖，吴新年，王鹏龙，付爽。

中国科学院兰州文献情报中心研究团队于 2019 年 6 月 11 ～ 21 日集中开展了甘肃省祁连山及周边地区的第一轮实地调研工作，通过与当地市、县、乡、村各级政府座谈交流、深入搬迁农牧民家庭入户调查、实地走访接续产业聚集地、重点对象问题一对一访谈等方式，系统性收集了目前祁连山地区农牧民生计及接续产业培育工作中的瓶颈问题，针对性梳理了农牧民转变生产生活方式，确保"搬得出、稳得住、过得好"的对策思路，探索自然保护地重点区域转型发展的可行路径。

二、当前存在的主要问题及对策建议

（一）农牧民基本生活来源及政策优化问题（保底问题）

表现及案例：自 2011 年发放草原生态保护补助奖励资金（简称草补）以来，其已成为生态搬迁农牧民重要的生活来源，特别是对于一些年长农牧民甚至是唯一的生活来源。按照国家相关规定一个禁牧周期为 5 年，如果未来草补政策补助标准降低或政策停止，将会导致大量农牧民（特别是 50 岁以上）完全失去生活来源，生活陷入困顿。例如，以肃南县祁丰藏族乡（简称祁丰乡）青稞地村移民索忠林为代表的搬迁区大龄农牧民都属于此种情况。与此同时，由于草补资金政策周期长、草原占有不均衡、禁牧与草畜平衡"插花"等问题导致农牧民贫富差距进一步拉大。

背景原因：2000 年草原实施有偿承包，划定了每家草场面积（从草场祖辈传袭来看，普遍存在离家近、草场小，离家远、草场大的情况），2006 年禁牧后即已开始外迁，开始领取陈化粮补贴（以祁丰乡青稞地村为例，约 2.75 元 /亩），2011 年开始发放第一期草补资金（以祁丰乡青稞地村为例，根据草原类型为 12.09 元 / 亩，2800 元 / 人），2016 年实施新一轮草补资金政策（以祁丰乡青稞地村为例，根据草原类型为 12.29 元 / 亩，3353 元 / 人）。从 2006 年禁牧外迁后，一部分农牧民已经基本失去所有生产资料和生活来源，主要靠草补资金维持生活。新一轮草补政策是以 2015 年 12 月 31 日在册户籍人口为准，草原面积是以 2011 年草原规范化承包合同为准（草原承包面积在 2000 年承包时确定），忽略了因婚姻增加人口或分户减少人口等后续变化情况，势必存在草原占有不均衡的问题，导致贫富差距加大、滋生懒惰等靠要思想。

对策建议：①向国家继续争取山水林田湖草沙项目，加大生态补偿政策向重点区域倾斜力度，科学推进整乡、整村连片禁牧；②适度调节草地与人口所占资金比例，合理缩短人口核查周期，尽量缩小贫富差距；③根据农牧民年龄制定分层分批奖助政策，对于55岁以上农牧民、40～55岁农牧民、40岁以下农牧民制定不同奖助政策，确保老有所养、壮有所为、少有所能、分段过渡，确保民生。

（二）农牧民二次就业普遍困难问题（就业问题）

表现及案例：搬迁农牧民中普遍存在55岁以上无法就业，40～55岁择业困难、就业方向普遍迷茫，20～40岁从事低端劳动，就业不稳定，年轻人在外孤悬一线，终究还乡返家情况较多现象。例如，祁丰乡红山口村46岁的搬迁农牧民贾海燕，虽文化程度较高（大专学历）、就业愿望强烈，但一直无法稳定就业。

背景原因：祁连山生态环境治理之后，核心区农牧民居住地及夏秋、冬春草场全部禁入，缓冲区部分农牧民从居住地迁出，夏秋、冬春草场基本禁入，绝大多数农牧民完全失去放牧养殖生产资料及基础条件，普遍存在55岁以上外出打工无人要现象；40～55岁群众普遍受教育程度较低，且不愿外出打工；20～40岁群众普遍不具有专业务工能力且不愿意吃苦（大部分已经外出务工者从事中低端劳动，少部分完全靠草补资金兜底）。加之游牧民族普遍对强约束监管、高强度劳动环境不适应，导致搬迁区农牧民就业困难、普遍迷茫。

对策建议：农牧民依靠自身发展致富的愿望非常强烈，普遍表达了"要用勤劳的双手与世代相传的养畜技艺来勤劳致富，不愿意只当祁连山国家公园的看门人与吉祥物"的强烈就业愿望。因此要着重引导40～55岁群众主体发展畜牧养殖业，辅以生态旅游、农产品深加工业及进城务工灵活就业。推动20～40岁年轻农牧民群众通过订单式培训就业、与周边区域工业园区进行对口培训就业、与务工需求大省定点合作一站式就业等形式解决就业问题。

（三）农牧民接续产业——畜牧业培育困难问题（生产问题）

表现及案例：搬迁区农牧民普遍愿意继续从事畜牧业工作。作为接续主导产业，在培育过程中，目前存在保护区用地受限、草料匮乏，无法承载大规模养殖；家庭单家独户养殖效益低、成本高、缺少技术指导、抗风险能力弱；养殖户单打独斗、规模效益不明显、对抗外部市场风险弱等问题。例如，祁丰乡红山口村养殖户强义生，虽然具有过硬的舍圈养殖技术经验，但由于用地受限，只能靠租用房前屋后、左邻右舍的棚圈来扩大养殖规模。

背景原因：实施草原禁牧及祁连山环境整治后，以往游牧式的低成本、低效益畜牧养殖方式已经难以为继，但舍圈饲养较游牧养殖几乎是全新生产经营方式，对饲养成本（草料外运）、养殖周期（时间长则成本高）、规模效益（规模小则收益少）、市场对接（小规模没有议价权）、养殖技术（技术低则育肥慢、疫病多）、风险防范（资金损失）都有较高要求，加之祁连山保护搬迁养殖用地少、可用草地少等外部因素，农牧民畜牧养殖目前呈极少数大户行动、大多数农牧民观望的局面。

对策建议：①实施"政府扶大户、大户带小户"的规模养殖振兴计划，成立单一养殖能人牵头负责、村两委委员参与监督、农牧民入股务工的养殖专业合作社，变政府生产生活补贴资金为农牧民股金（不经手、不追责），统一计提缓冲区居民房屋、羊房棚圈拆补资金一定比例为村所在合作社居民股金，变农牧民为合作社养殖工人，地方政府扶持对接周边区域客商形成稳定规模订单。②省政府相关部门、市州政府出面协调祁连山周边区域项目建成但闲置设施棚舍、国有大型农场秋冬秸秆资源，组织养殖合作社实施牛羊异地借牧育肥出栏（6月直接购买幼牛羊到借牧地、2月直接在借牧地出售），系统解决跨区借牧、防疫、活口出售等问题；同时辅以房前屋后设施小规模养殖。③在上游水资源配置中考虑饲草料基地建设用水指标，确保草畜产业发展基础条件。

（四）农牧民接续产业——旅游业培育困难问题（生产问题）

表现及案例：生态风景、民俗文化旅游资源没有转化为生态旅游收益，旅游人数明显下降，旅游基础设施建设缓慢，旅游业发展举步维艰。

背景原因：实施祁连山环境整治后，保护区内特别是缓冲区内已不允许游客进入，以往依靠保护区内秀美的风光吸引周边游客周末游、休闲游的模式已经难以为继，由于区域位置较为封闭，加之公路贯通能力有限，既没有将县内景区串起来，也没有与周边旅游地（如祁连县）连起来，无法吸引外地特别是省外游客将此地作为旅游目的地；同时由于保护区政策原因，旅游资源丰富的区域无法增设完善旅游基础设施，导致旅游接待能力弱、旅游周边产业无法发展，无法带动周边就业，如祁丰乡文殊寺拥有较好的旅游资源却无法带动周边农牧民致富。

对策建议：①在祁连山国家公园建设勘界定标时充分考虑后续发展空间需求，将人文旅游资源所在地划入一般控制区，合理合规布置发展旅游资源；②引入大型文旅企业，系统设计区域文旅品牌、线路、服务，促进外地游带大景区、周边游带乡村游、风俗游带文创业融通发展的全域旅游体系，打造家庭游学、避暑度假、民俗体验（裕固族人的一天、蒙古族人的一天）等多种形式的旅游业态；③完善交通基础设施建设，考虑与旅游地形成旅游大环线，打造旅游品牌地、目的地。

（五）农牧民职业教育效果不明显问题（职业教育问题）

表现及案例：农牧民新型职业教育较多但针对性不强，职业技能掌握不牢固，培训能力不能直接应用于生产，培训效果普遍不明显。

背景原因：没有对接具体用工单位技能需求开展订单式培训，导致"学了当时用不上、时间长了全忘掉"，浪费培训资源和农牧民时间。

对策建议：①积极对接周边区域工业开发区新建企业，开展需求导向型技能培训，实施按需培训、定向输送。②针对农牧民自身条件开展分类培训，注重提升个人技能优势，规避劣势；针对农牧民特色产业开展针对性、全链条式培训，确保"学得快、用得上"。

（六）农牧民生活不便问题（生活问题）

表现及案例：搬迁农牧民就医不便、上学不便、贷款不便等生活不便问题。

背景原因：祁连山整治后农牧民居民点距离城镇远，普遍存在乡村卫生所医疗服务质量不高（工作日缺医，疑难病少药）等问题；孩子上学集中教育需要专人陪同，影响生产等问题；农牧民小额贷款担保条件多、准入门槛较高等问题；生活垃圾污水处理困难等问题；担任生态管护岗位的农牧民尚未购置社会保险（人身安全、医疗、养老）等问题。

对策建议：①整县、整区域推进民生保障工程，进一步提升基本医疗、药品、教育覆盖体系；②推动农商行等多类型商业银行下基层，设立办事点，简化手续，方便农牧民贷款；③统筹适度推进农村基础设施改造建设；④统筹购置公益岗位社会保险。

（七）农牧民易地搬迁安置问题（易地搬迁问题）

表现及案例：部分思想活、能力强的农牧民表现出较强的易地搬迁就业的意愿，但由于没有对接地信息及相关政策，无法有效实施。

背景原因：由于祁连山环境整治与保护，生产用地极度受限、生产资料获取不便、生产设施无法新改扩建，加之少数民族群众较为适应迁居生活，一些农牧民表现出较强的外迁搬迁安置、生产就业意愿（新疆包地养殖），但目前没有引导信息和相关政策，导致农牧民踌躇不前。

对策建议：①积极对接新疆等地广人稀区域，探索易地搬迁安置工作；②针对农牧民移民搬迁开展摸底调研，了解易地搬迁意向与相关需求。

（八）特有少数民族文化传承问题（文化传承问题）

表现及案例：近年来随着游牧民族定居和生态搬迁工程实施，改变了传统游牧民族的生产生活方式和习俗习惯，也使得裕固族等少数民族的特有甚至是独有的传统民族文化加速流失和消弭。

背景原因：祁连山自古以来就是各民族世代游牧的牧场，尤其是发源成长于此的裕固族，是全国 28 个人口较少的民族之一。在长期的历史发展进程和生产生活实践中，裕固族创造出了独具特色的珍贵的文化遗产，涵盖历史、服饰、宗教、饮食、歌舞、民俗等诸多领域，但这些宝贵的文化遗产是与传统游牧生产生活方式息息相关的。由于祁连山环境整治与保护，大规模搬迁定居工程的实施，改变了游牧民族传统的生产生活方式，将对少数民族独有的文化传统产生冲击，致其濒临消亡。

对策建议：①统筹考虑民族文化保护与文化旅游业发展，宣传打造民族、民俗主题系列特色旅游目的地，将民族传统文化作为国家公园建设的特色之一；②保护一批以裕固族为主的传统民族非物质文化遗产，恢复一批少数民族传统节庆赛事活动，支持一批土生土长的民族传统艺术工作者，培育一批民族特色文创制作与服务企业。

三、探索农牧民长期安居乐业、经济社会高质量发展新模式

综上所述，对于以肃南、天祝为典型的祁连山核心地区农牧民生计问题，由于当前有国家奖补项目兜底、地方安置措施得力，农牧民群众生产生活秩序正常、思想情绪心态乐观稳定，所以总体来说"当前问题不大"。但是随着中青年农牧民年龄逐年增大，加之国家相关奖补政策持续性不确定、当地接续性产业培育发展缓慢、地方财政极度困难等原因，迁出农牧民安居乐业"后续问题不少"。

特别是对于祁连山生态环境治理对地方财政收入影响较大、财政自给率极低、60% 以上的国土面积处于国家级自然保护区的重点区域，应尝试总体转变县域经济发展模式，积极探索实践国家公园建设示范县（简称国家公园县）发展模式。例如，肃南裕固族自治县是祁连山国家级自然保护区最大的资源主体，占祁连山北麓总面积的 75%，祁连山国家级自然保护区 59.4% 的面积在肃南县境内，祁连山国家公园体制试点区在肃南境内的面积占肃南县总面积的 63.26%。受祁连山生态环境治理影响，特别是区内矿业企业关停后，县级财政自给率呈逐年下降趋势（2016 年、2017 年、2018 年分别为 18.4%、13.7%、12.4%），县级财政"造

血能力"十分有限，农牧民搬迁后续补助及接续产业培育资金缺口巨大，迫切需要探索县域经济新型发展模式。

（一）总体目标

坚持问题导向，补齐保护短板，坚持生态保护优先，牢牢守住绿色发展底线，全力融合推进祁连山国家公园体制试点工作。推动生态产品的价值转化，探索生态价值实现机制，助推国家公园建设示范县建设，进一步强化联动融合、持续改革创新、发挥示范引领、注重实践探索，打通生态保护、生态产业转型和生态富民三大通道，实现生态环境保护、绿色发展、民生问题改善的共赢局面，促进祁连山生态保护与县域经济长期协调可持续发展，为美丽甘肃建设贡献经验。

（二）主要任务

（1）当好祁连山忠诚卫士，筑牢生态安全屏障

推进保护工程，坚持久久为功，大力发展生态治理产业，全力推进祁连山生态治理和保护工程，通过实施退牧还草、水源地保护、重要流域治理、生态廊道建设、外来物种清除、裸露山体治理等重点项目，在生态治理重点领域探索形成可复制推广的生态治理模式和样板。通过祁连山生态保护补偿试点建设，自然资源资产产权安排、流转和有偿使用，探索绿水青山转化为金山银山的生态价值实现机制，实现自然资源保值增值。通过开展特许经营等，鼓励支持当地居民、社区、社会组织、企业投身生态保护产业，探索社会公众从生态治理中获得收益和补偿的可行路径。最终把生态优势、生态财富有效地转变为经济优势和社会财富，推动祁连山生态治理持续向好、不断向优，保护好祁连山母亲，筑牢国家生态安全屏障。

（2）优化保护地勘界定标，融入国家公园建设

做好以国家公园为主体的自然保护地勘界定标工作，在突出自然保护地优化整合和山水林田湖草沙系统保护，确保祁连山生态保护的系统性、原真性、连通性和完整性得到充分体现的基础上，合理适度保留、预留农牧民家庭生产生活、区域产业发展用地空间。积极融入国家公园建设，探索国家公园建设与周边经济社会协同发展的新路子，打造国家公园生态管护人员培训基地（国家级）、国家公园青少年研学基地（国家级）、国家保护珍稀野生动物迁徙廊道、高寒濒危野生植物生态廊道、寒区旱区多样性地貌景观廊道等一系列人人向往、国内知名的研学游新名片，培育国家公园自然资源本底调查与监测、国家公园生态补偿机制

研究、国家公园旅游线路运维、国家公园少数民族文创产品设计等一系列科技含量高、经济效益好的新业态，全面重构县域生态工业、生态农业、生态服务业，全面践行绿色生活方式，做到绿色消费、绿色出行、绿色居住，形成绿色生活氛围，当好国家公园保护与建设的主人。

（3）草畜合作社富民兴业，生态旅游串珠成线

充分发挥"祁连山"这一品牌"绿色、有机"的特色内涵，突出肃南高山细毛羊、高原牦牛等草畜产业主导地位，将草畜专业合作社作为提高农牧民收入、提升农业产业化水平的重要载体，采取多种有效政策鼓励种养大户、返乡农民工、致富能人，围绕草畜产业兴办合作社，协调政府生产生活补助资金作为农牧民股金入社，采取"党员干部＋种养大户＋迁出农牧民"的方式，在扶持项目、生产经营用地、专业种养技术、收益分配方案等方面，帮助合作社解决实际困难，充分发挥合作社在基地设施建设、新技术应用、群众增收致富等方面的带动作用，将小生产与大市场连接起来，有效促进农牧民增收、草畜业增效。

立足祁连山国家公园（肃南段）境内石窟艺术、冰川雪山、森林草原、丹霞地貌、民族风情、祁连美玉、野生动物等资源优势，抢抓国家全域旅游示范区政策机遇，推动"景区旅游"向"全域旅游"发展模式转变，加快开发全域旅游空间组团，擦亮国家公园旅游名片，打造"国家公园＋"系列（如生态管护线路探险游）新型旅游业态，不断形成生态旅游发展的新亮点和新增长极。综合运用纸、网、移、微、博、视"六位一体"媒体矩阵，打造游览探访"名山、名寺、名人、名吃"的旅游金字招牌，体验尝试"民族、民俗、民居、民风"的旅游特色品牌，构建"古色、红色、绿色、特色"的旅游联动和融合发展新模式，串联各乡镇及周边县（区）特色旅游产品，打通全域旅游环线，打造系列网红打卡地，构建立体旅游发展新格局。

（4）工业新园区吐故纳新，生态产业引链扩群

加快发展大生态产业，充分利用国家公园的生态产品不仅具有原生态、纯天然特质，而且其生态资源和产品具有显著稀缺性与有限性这一优势，开发传统生态生产方式与稀缺产品定价相结合的市场化运营模式，着力发展"天然－设施放牧—深加工"一体化发展的畜牧业，"天然生产－人工种植—深加工"一体化发展的特色农产品及水产品产业。

（5）打造清洁能源示范县，助推全域绿色发展

以新能源规模化开发为重点、以100%清洁能源使用为目标、以科技创新为支撑、以智能电网建设为保障，打造清洁能源建设、使用和输出全链条示范县。形成国家清洁能源示范县建设框架和发展机制，清洁能源开发利用水平达到全国前列，构建起相对完整、具有较强竞争优势的新能源产业链，初步建成全省重要

的清洁能源示范基地。

（6）南进西出开拓新市场，发挥通道经济优势

肃南县地处河西走廊黄金段，牦牛、肉羊等具有"祁连山"品牌烙印的绿色有机草畜产品向西、向南走出去既有天然质量优势，又有通道优势，具有较强的差异性和互补性。采用培育扶持本地中小型草畜企业、结大联强省内外大型加工企业、对口结盟国内外畜产品市场等方式，通过四川成都、广州深圳开拓国内中部、南部等地市场，通过广西凭祥、新疆霍尔果斯口岸等开拓东南亚及中亚等地市场。

（三）保障机制

（1）探索建立绿色发展新机制

探索建立有利于推进国家公园县建设的新型绿色绩效考评制度，率先取消地区生产总值、工业增加值等经济考核指标，确保生态文明建设和生态文明体制改革走在全省前列。探索祁连山国家公园与地方政府统筹管理机制，协同处理好国家公园原有居民在生态搬迁与产业转型中、国有林场老职工在退休养老中遇到的多种问题。探索建设生态补偿转移支付机制、生态产品服务交易机制、生态产业绿色发展机制等系列绿色发展新机制。

（2）探索生态保护投融资机制

建立多元化、多渠道、多层次的祁连山生态环境保护投融资机制。

在政府投入机制方面，充分发挥财政转移支付资金的主导作用，加大中央财政转移支付力度，增加一般性转移支付和生态保护专项转移支付，保证生态保护与建设补偿在政策、资金方面的倾斜和支持。同时将投资补助的标准、比例和方式与建设项目的环境、社会效益挂钩，充分发挥财政资金的引导效应。实行税收优惠和发展援助，结合县财政预算标准，对工业、旅游开发、矿产品开发、水电等产业退出及水资源、土地资源开发受限产生的财政减收进行补偿。

在金融支持机制方面，按照"绿色金融"的理念，通过无息贷款、低息贷款、优先贷款、延长信贷周期等方式，加大对生态建设项目的信贷支持。组建生态文明建设投资基金，发挥担保、保险、基金等政策性金融产品开放融资、共担风险的优势，加强对生态文明建设的金融支持。发挥资本市场对生态文明建设资金筹措的作用，鼓励和引导商业性银行开展有利于生态文明建设的信贷活动。加强与国际金融组织的合作，引进国际信贷。创新合作模式，积极利用全球环境基金及世界银行、亚洲开发银行贷款等支持国家公园县建设。

参考文献

陈瑾, 陶虹佼, 徐蒙 . 2022. 新发展格局下我国文化旅游产业链优化升级研究 . 企业经济,
　　41(11):123-133.

董霞, 王林, 曹龙, 等 . 2020. 祁连山地区农户参与生态补偿意愿与行为研究——以甘肃省张掖
　　市肃南裕固族自治县为例 . 干旱区资源与环境, 34(8):74-79.

黄栋, 杨子杰, 王文倩 . 2021. 新发展格局下新能源产业发展历程、内生逻辑与展望 . 新疆师范
　　大学学报 (哲学社会科学版), 42(6):134-144.

金准, 夏亚龙 . 2023. 数字化对文化和旅游融合的推动机制研究 . 旅游论坛, 16(5):32-42.

焦世泰 . 2010. 河西走廊区别旅游形象定位研究 . 干旱区资源与环境, 24(8): 190-194.

赖力, 张婧欣, 孙煜, 等 . 2022. 双碳背景下我国新能源产业竞争力关键点和创新发展研究 . 现
　　代管理科学, (3):51-57.

郎朗, 陈晓琴 . 2024. 智慧农业的实现形式探索 . 中国农业资源与区划, 45(1):201, 211.

李凤民, 张峰, 杜彦磊, 等 . 2023. 甘肃旱地农业发展与研究前沿 . 干旱地区农业研究, 41(3):25-
　　30.

李世峰, 朱国云 . 2021. "双碳" 愿景下的能源转型路径探析 . 南京社会科学, (12):48-56.

李昕阳, 石培基, 尹君锋, 等 . 2023. 河西走廊旅游流网络结构特征与优化 . 中国沙漠,
　　43(4):135-145.

李新, 勾晓华, 王宁练, 等 . 2019. 祁连山绿色发展: 从生态治理到生态恢复 . 科学通报,
　　64(27):2928-2937.

李宗省, 王旭峰, 冯起, 等 . 2021. 祁连山自然保护区旅游景点整改前后的生态变化 . 环境生态学,
　　3(11):1-8,14.

刘一腾 . 2024. 数字乡村建设对农业农村现代化的影响与机制研究 . 山西大学学报 (哲学社会科
　　学版), 47(2):152-160.

罗敏 . 2016. 甘肃省清洁能源发展中的问题及对策 . 经济研究参考, (63):74-78.

吕志祥, 赵天玮 . 2021. 祁连山国家公园多元共治体系建构探析 . 西北民族大学学报 (哲学社会
　　科学版), (4):82-88.

马斌斌, 豆媛媛, 贺舒琪, 等 . 2023. 中国数字经济与旅游产业融合发展的时空特征及驱动机
　　制 . 经济地理, 43(6):192-201.

聂常虹, 赵斐杰, 李钏, 等 . 2024. 对创新链产业链资金链人才链 "四链" 融合发展的问题研究 . 中
　　国科学院院刊, 39(2):262-269.

潘怡, 曹胡丹, 封慧 . 2024. 新时代我国体文旅产业融合发展: 逻辑、模式、问题与路径 . 山东
　　体育学院学报, 40(1):70-79.

彭婧, 田云飞, 徐清 . 2023. 服务新型电力系统建设的甘肃 "风光大省" 新能源协同发展服务体
　　系研究及实践 . 产业创新研究, (3):38-40.

秦大河,秦春霞.2023.祁连山国家公园试点期间的管理与保护探讨——以肃南县祁丰乡为例.新农业,(16):29-30.

邱书钦,滕剑仑.2024.数字经济对农村三次产业融合发展影响的实证检验.统计与决策,40(5):67-72.

任保平.2024a.数字经济与制造业深度融合推动新型工业化的机制与路径.山东社会科学,(1):82-89.

任保平.2024b.双重目标下数字经济赋能我国农业农村现代化的机制与路径.东岳论丛,45(1):41-48,191.

任保平,李婧瑜.2024.以数实融合推动新型工业化的阶段性特征、战略定位与路径选择.经济与管理评论,40(2):5-16.

尚思汝.2021.数字经济赋能甘肃工业经济高质量发展现状分析和对策建议.发展,(9):44-48.

史良,乔玉婷,曾立,等.2021.培育经济发展新动能的技术、产业、政策机理研究.科技进步与对策,38(14):21-29.

司增绰,刘世泉.2023.数字经济推动制造业高质量发展的路径及其实证检验.科学管理研究,41(6):80-89.

苏军德,赵晓冏,李国霞,等.2024.祁连山国家自然保护区生境质量时空特征及驱动因素分析.中国环境科学,44(5):2595-2605.

汤瑛芳,张正英,白贺兰,等.2018.甘肃14市州"十二五"农业科技进步水平综合评价.中国农业资源与区划,39(10):115-121.

汤瑛芳,张东伟,乔德华,等.2020.甘肃市州农业现代化发展综合评价.中国农业资源与区划,41(9):198-206.

王丹宇.2023.数字经济驱动经济高质量发展的路径与政策——以甘肃省为例.社科纵横,38(5):43-50.

王光娟.2019.乡村振兴战略背景下我国观光农业的可持续发展研究.农业经济,(8):18-20.

王海南,王礼恒,周志成,等.2024."四链"深度融合下战略性新兴产业高质量发展战略研究.中国工程科学,26(1):1-12.

王建连,魏胜文,张邦林,等.2022.乡村振兴战略背景下甘肃农业绿色转型发展思路研究.农业经济,(2):19-21.

王卫才,张守夫.2024.数字经济驱动农业产业链现代化的实证检验.统计与决策,40(5):22-27.

王晓琪,赵雪雁.2023.人类活动对国家公园生态系统服务的影响——以祁连山国家公园为例.自然资源学报,38(4):966-982.

王兴泉.2020.甘肃文化产业高质量发展的战略使命与产业内涵.兰州学刊,(12):149-161.

王昱茜,朱俏俏.2022.西北五省(区)入境旅游合作路径研究——基于丝绸之路文化遗产廊道.资源开发与市场,38(6):752-760.

王智慧.2023.新能源产业引领经济绿色低碳发展.储能科学与技术,12(4):1306-1307.

魏斌.2023.数字经济助力甘肃地区高质量发展的推进路径.甘肃农业,(8):36-43.

魏颖,李宜聪.2021.新战略区域视域下的区域经济发展新动能培育——评《区域经济发展新动能培育研究》.热带作物学报,42(12):3761.

温惠淇,张川.2024.国外先进产业体系构建经验与我国创新发展的探索路径.科学管理研究,

42(1):164-173.

温煜华 . 2019. 祁连山国家公园发展路径探析 . 西北民族大学学报 (哲学社会科学版), (5):12-19.

巫强 , 胡蕾 , 蒋真儿 . 2024. 产业链与创新链融合发展：内涵、动力与路径 . 南京社会科学 , (2):27-37.

伍心怡 , 何爱平 . 2024. 数字技术助推中国现代能源体系构建：赋能机制、现实问题与实现路径 . 经济问题探索 , (1):1-14.

熊正德 , 柯意 . 2023. 面向高质量发展的数字文化产业与旅游业深度融合：内涵、机理与测度 . 中国流通经济 , 37(12):3-17.

徐华亮 . 2024. 建设现代化产业体系：理论基础、演进逻辑与实践路径——基于实体经济支撑视角 . 中州学刊 , (1):29-36.

薛健 , 李宗省 , 冯起 , 等 . 2022. 1980—2017 年祁连山水源涵养量时空变化特征 . 冰川冻土 , 44(1):1-13.

杨磊 , 单姝瑶 , 桑晨 , 等 . 2022. 祁连山国家公园生态环境质量综合评价及演变特征分析 . 草业科学 , 39(2):278-289.

杨秀云 . 2023. 甘肃省发展现代丝路寒旱农业问题研究——基于武威 "8+N" 农业优势主导产业发展的研究 . 甘肃农业 , (4):24-27.

姚庆荣 , 张铃玲 , 陈娟 . 2023. 共同富裕目标下数字经济赋能甘肃全面推进乡村振兴研究 . 发展 , (8):61-64.

叶兴艺 , 谢闯 . 2023. 乡村振兴战略下我国智慧农业发展问题与策略分析 . 农业经济 , (12):3-6.

尹月香 , 王世靓 , 郭圣莉 . 2022. 国家公园共建共治共享机制的构建——以祁连山国家公园为例 . 青海社会科学 , (5):63-72.

张百婷 , 李宗省 , 冯起 , 等 . 2024. 基于土地利用变化的 1990—2020 年祁连山地区生态系统服务价值演化分析 . 生态学报 , (10):1-16.

张博 , 孙旭东 , 刘颖 , 等 . 2020. 能源新技术新兴产业发展动态与 2035 战略对策 . 中国工程科学 , 22(2):38-46.

张恒硕 , 李绍萍 . 2022. 数字基础设施与能源产业高级化：效应与机制 . 产业经济研究 , (5):15-27,71.

张宏霞 , 张衍杰 , 马茜 , 等 . 2022. "双碳" 目标下新能源产业发展趋势 . 储能科学与技术 , 11(5):1677-1678.

张慧 , 王莉莉 . 2021. 数字经济视域下甘肃文化产业创新发展研究 . 西北成人教育学院学报 , (4):73-76.

张嘉贝 , 王珂珂 , 施天乐 , 等 . 2023. 黄河流域生态保护、数字经济与文旅融合耦合协调发展研究 . 资源开发与市场 , 39(12):1684-1692.

张荣 . 2022. 打造甘肃现代寒旱特色农业高地的战略导向 . 农业科技与信息 , (21):1-4.

张荣 . 2023. 现代寒旱农业技术创新的实践与启示 . 寒旱农业科学 , 2(7):594-597.

张锐 , 曹芳萍 . 2020. 西北地区农业产业结构演变及其发展研究 . 北方民族大学学报 , (1):139-145.

张姝洁 . 2023. 数字经济助推甘肃乡村振兴路径研究 . 中国集体经济 , (19):17-20.

张新成 , 王琳艳 , 高楠 , 等 . 2023. 文化和旅游产业深度融合研究进展与新时代发展趋向 . 旅游论坛 , 16(5):129-139.

张绪成,方彦杰.2022.甘肃寒旱农业生产现状及未来研究方向.寒旱农业科学,1(10):12-18.

张琰.2023.寒旱地区特色农业发展现状分析及对策思考——以甘肃省为例.甘肃农业,(7):21-24.

张园.2019.新时代背景下旅游农业资源开发策略研究——评《旅游农业》.中国食用菌,38(11):75.

张壮,赵红艳.2019.祁连山国家公园试点区生态移民的有效路径探讨.环境保护,47(22):32-35.

赵辉.2023.中国式现代化背景下加快高质量现代工业产业体系建设的研究.塑料科技,51(12):113-116.

赵文鹏,吕荣芳,庞吉丽,等.2023.2000—2020年祁连山生态系统服务时空分异研究.冰川冻土,45(4):1367-1378.

赵云霞,陈瑜,丁宁.2023.甘肃省文化产业与旅游产业协调发展关系实证研究.中国物价,(3):48-51.

郑世林,熊丽.2021.中国培育经济发展新动能的成效研究.技术经济,40(1):1-11.

周锦,王廷信.2021.数字经济下城市文化旅游融合发展模式和路径研究.江苏社会科学,(5):70-77.

周湘鄂.2022.文化旅游产业的数字化建设.社会科学家,(2):65-70.

朱康睿,宋成校.2024.智慧农业发展的国际经验及启示.世界农业,(3):43-53.

朱丽,陈文业,谈嫣蓉,等.2023.河西走廊荒漠戈壁风电产业发展优势与前景分析.甘肃林业科技,48(3):60-63.

Chen P Y. 2022. Is the digital economy driving clean energy development? New evidence from 276 cities in China. Journal of Cleaner Production, 372: 133783.

Duan Q T, Luo L, Zhao W, et al. 2021. Mapping and evaluating human pressure changes in the Qilian Mountains. Remote Sensing, 13(12): 2400.

Gao Y, Li Z X. 2022. Study of coupling coordination development of ecology and economy of Gansu area of Qilian Mountain National Park in China based on DFSR model. Fresenius Environmental Bulletin, 31(7): 7019-7030.

Li Z X, Feng Q, Li Z J, et al. 2021. Reversing conflict between humans and the environment-The experience in the Qilian Mountains. Renewable and Sustainable Energy Reviews, 148: 111333.

Li R, Rao J, Wan L Y. 2022. The digital economy, enterprise digital transformation, and enterprise innovation. Managerial and Decision Economics, 43(7): 2875-2886.

Liu L, Song W, Zhang Y, et al. 2021. Zoning of ecological restoration in the Qilian Mountain Area, China. Ecological Indicators, 18(23): 12417.

Ma J H, Li Z H. 2022. Measuring China's urban digital economy. Natl Acc Rev, 4: 329-361.

Milskaya E, Seeleva O. 2019. Main directions of development of infrastructure in digital economy. IOP Conference Series: Materials Science and Engineering. Bristol: IOP Publishing.

Niu F J. 2022. The role of the digital economy in rebuilding and maintaining social governance mechanisms. Frontiers in Public Health, 9: 819727.

Wang Y, Zhou L H. 2022. Performance and obstacle tracking to Qilian Mountains' Ecological

Resettlement Project: A case study on the theory of public value. Land, 11(6): 910.

Wang J R, Zhou J J, Ma D F, et al. 2023. Impact of ecological restoration project on water conservation function of Qilian Mountains based on InVEST model—A case study of the upper reaches of Shiyang River Basin. Land, 12(10): 1850.

Zeng Z, Yan J, Zhang D L, et al. 2019.The assistance of digital economy to the revitalization of rural China. Wuhan: 4th International Conference on Social Sciences and Economic Development (ICSSED 2019).

Zhao C M, Hou F J, Song X Y, et al. 2019. Tightening ecological management facilitates green development in the Qilian Mountains. Chinese Science Bulletin, 64(27): 2928-2937.

Zhao C Y, Dong K Y, Liu Z G, et al. 2024. Is digital economy an answer to energy trilemma eradication? The case of China. Journal of Environmental Management, 349: 119369.